U0306976

温暖的晨粥夜饭

妈妈的味道

梅依旧 / 著

山东画报出版社

序：回头看见爱

在我们菲薄的流年里，父亲给予的多是王侯将相宁有种乎的鸿鹄之志，而母亲给予的多是温暖的晨粥夜饭。

母亲做的饭菜，不讲什么深微妙法，永远是稳妥、踏实，给人一种朴素的亲切感。只是那朴素扑面而来，变成了一种很好的心情，喜悦如莲。

哪怕只是一盘清炒土豆丝，哪怕只是一碗白米粥，虽然用的都是极简单的食材、朴素的烹饪方法，甚至是在匆忙之间烧成，但往往这些寻常的饭菜，讲述着同一个故事，那就是爱。

想起母亲那些温暖的味道，它们曾经讲述生命中曾经有过的那些真情实感。不知不觉，随着季节流转，总要重温一道菜，恍然间才知道，原来我是多么想念妈妈的味道。

春日里，荠菜赛灵丹，母亲采了一篮子荠菜，洗净了，滤了水，拌上面粉和油盐，上锅清蒸，那股淡淡的清香与苦涩，好似把整个春天都端上了桌。很平常的菜，回味间，有一种山野的风日洒然。

夏日里，母亲做的一碗凉丝丝的冷面，捧在手里，心中的燥热已去了一半，真可谓一瓯寒浆爽似秋，或许这也是夏天最后的一种宁静了。

秋日里，母亲用秋梨做一盏秋梨酿双耳，她常说：几颗杏桃三把火，日食数梨不为多。在我的心里，那盏甜品已成了记忆和生活的一种期盼。

冬日里，永远不可少的是一碗热乎乎的番茄排骨汤，回过头来想想，才明白了母亲煲成的那一碗碗浓浓的汤，是多么温暖。有人惦记着给补一补润一润，更是一种莫大的幸福。

家常菜中的妈妈味道，远不止这些菜肴。这些简单的家常菜，却是朴素年代的美味奢求，虽然是简单到街角菜市场随处可见的食材，简单到几乎每个妈妈都熟能生巧的菜式，可就是这些从小吃过来的家常菜，纯粹且静好，就这么不露声色地把我的一生编织起来。

妈妈的味道其实更像是一本爱的故事书，每一道菜的背后都有不同的爱。无论何时何地，想起、念起，依然在我的记忆里，挥之不去，依然绿肥红瘦地刻在脑海里。

梅依旧

2013 年 11 月

目录

Part 1／妈妈味道：温馨家常菜

01 什么是母亲的味道——蒜子鲅鱼煲   2

02 母亲除夕餐桌上的"老三篇"
　　——糖醋鲤鱼、如意菜、双椒猪手   6

03 煨香几多人家的寻常岁月——年糕排骨   14

04 儿女坐团圆，杯盘散狼藉——五仁月饼   18

05 举重若轻的裸烹——蘸水腰片   22

06 淡到极处滋味浓——桂花饭   26

07 可以醉，可以不醉——酱花生米   30

08 低眉间，一碗清淡温润汤——淡菜粉丝汤   34

09 可以靠近温暖的一缕炊烟——野菜生煎包   38

10 突出重围的卤蛋——印花卤蛋   42

11 江南传统的经典家常面——开洋葱油拌面   46

12 心事重重的馄饨——红油鸡肉馄饨   50

13 人情冷暖薄如纸的薄——九味白肉   54

14 出身极有根底的饼——玫瑰火饼   58

15 简约的丰盛——素宫保鸡丁   62

16 它美得一错再错——杨梅醪   66

17 炒香的春风——炒杂粮野菜   70

18 升华那碗醇香美味——酱黄瓜   74

19 母亲那碗清火去燥的面——金汤煨面   78

20 品粗食，尝旧时光——虾酱鸭丁窝窝   82

Part 2／妈妈味道：百味在心头

01 寻常人家深藏的快意——笋干红烧肉　　　　　　88

02 "留心"的饺子——杏鲍菇水饺　　　　　　　　92

03 丈母娘征服上门新姑爷的一道菜——花雕蒸醉蟹　96

04 借一碗汤饮，慢慢老去——益母草玫瑰饮　　　　100

05 母亲最爱吃的菜是剩菜——卤味葱油鸡　　　　　104

06 时光，重叠在一碗汤上——瓦罐鸡汤　　　　　　108

07 一缕不动声色的清香——竹叶荞麦粥　　　　　　112

08 一身清白滋味足——秋葵拌豆腐　　　　　　　　116

09 上言加餐饭，下言长相忆——酸豇豆蒸排骨　　　120

10 暖老温贫的瓜香——酿南瓜　　　　　　　　　　124

11 过年时娘给闺女专门做的一种食物——枣花糕　　128

12 被盛装忧伤的饺子——茶香饺子　　　　　　　　132

13 有一种汤，可以给女儿当嫁妆——陈皮卤牛肉　　136

14 吃得香就是活得正确——茶香炒饭　　　　　　　140

15 唯有美食与爱不负卿——东坡肉　　　　　　　　144

16 漂泊在舌尖的美食——腊肠茄煲饭　　　　　　　148

17 谁的心底都有一碗面——豆角焖面　　　　　　　152

18 衔接起思念的断层——干锅千层豆腐　　　　　　156

19 我一直管它叫慈母汤——菜根绿豆汤　　　　　　160

20 一种难以言说的情愫——啤酒香菇酱拌面　　　　164

Part 3／妈妈味道：回归童真味

01 馒头的红尘麦香——老面馒头　　　　　　　　　170

02 有趣的一道菜——擂椒娃娃菜　　　　　　　　　174

03 小腹三层非一日之馋——樱桃肉　　　　　　　　178

04 远离父母才知腊味香——腊味小炒　　　　　　　182

05 想世间的缱绻事——锦绣豆包　　　　　　　　　186

06 妈妈的手写食谱——陈皮虾 190

07 食物的愉悦和儿时的记忆有关——番茄鲜贝疙瘩汤 194

08 世间凡尘的小恩爱之团圆——珍珠丸子 198

09 有美食有故事，韵味十足——宫廷金银猪蹄 202

10 偷吃的快乐——梅干菜蒸鸭 206

11 银耳，为美人而生——桃胶银耳羹 210

12 此味可待成追忆——水晶鱼冻 214

13 草木灰里拨拉出来的甜点——甜心小红薯 218

14 吃不求饱的小食——红茶乌梅芸豆 222

15 极热闹场中，便是饥寒之本——冻豆腐炖鸭 226

16 一抹胭脂的薄媚——苋菜炒饭 230

17 那些粘在锅巴上的回忆——番茄锅巴虾仁 234

18 被暗香淹没的软糯——玫瑰糯米藕 238

19 古早味，新炊间黄粱——小米南瓜蒸饭 242

20 缀满花边的往事——梅菜拌饭酱 246

Part 1

妈妈味道：温馨家常菜

　　母亲做的温馨家常饭菜，不讲什么深微妙法，却是朴素年代的美味奢求，有的是一种暖香。这些简单的家常菜，哪怕只是一碟素炒土豆丝，哪怕只是一碗白米粥，虽然用的都是极简单的食材，简单到几乎每个妈妈都熟能生巧的菜式，可就是这些从小吃过来的家常菜，纯粹且静好，是一种无保留的恣意，却自然不竭不尽，就这么不露声色地把我的一生编织起来。

01

什么是母亲的味道

——蒜子鲅鱼煲

什么是母亲的味道？

曾经在《古今食事》一书中，看到一则"老母厨艺救儿一命"的故事。

书中写道：东汉时有个官吏叫陆续，因受牵连被捕入狱，关押在洛阳狱中。他的母亲远道由江南赶来，做了一顿饭让狱卒送给他吃。

陆续一见饭菜就哭泣起来，他知道母亲来到了洛阳，却不得相见，所以心里十分难过。狱卒问他是怎么知道他母亲到了京城，他的回答是："我的母亲作羹切肉未尝不方正，切葱寸寸无不相同，看到了这肉这葱，感到太熟识了，一定是母亲的手艺，所以得知她老人家肯定已到了京城。"

皇帝知道了这事，也感动起来，动了恻隐之心，竟赦免了陆续的死罪，放他与老母南下回乡去了。

这才是母亲的味道。

记忆中，厨房总是与母亲有关。厨房是一个家的中心，是一个承载着健康、浪漫、美食、幸福的圣地。有了它，才能感受到有家的烟火气，这里一定会充满故事，很多的故事，或甜蜜，或浪漫，或温馨……

厨房在家中所占的空间虽然很小，却是爱的载体，家庭幸福生活的五味是从厨房中诞生的，一个没有厨房的家不能称其为真正意义的家。

菜谱

材料：鲅鱼1条，大蒜1头，干腐竹50克，蒜薹30克。

调料：盐2克，姜丝3克，剁椒10克，料酒10克，生抽15克，糖8克。

放学了，进家门第一声喊的一定是："妈，放学了，吃什么饭啊？"

母亲说，你爱吃的鱼。

我把头伸进厨房，看到母亲做的是蒜子鲅鱼煲。蒜子鲅鱼煲，是一种煲仔菜，"煲仔"，既可以是一种器皿，又可以是一种烹饪方法。

小小一个"瓦煲仔"，有着海纳百川的气质，鸡鸭鱼肉、时令果蔬，只要你想得到，无一不可成为其煲中之物。煲仔菜是用慢火细细地焖，将瓦煲中食物的滋味逼出来，煲内的食材充分浓缩了原料的味道，口感和风味更加香醇持久，浓郁鲜香。

在这一刻里，我觉得暖暖的。每个人回忆一下以往的时光，想必这也是许多人的经历吧。

人们常说，在家里吃妈妈做的家常菜最美味不过了。一碗清粥，几根母亲腌的咸菜，

那种咸菜，不放香油和醋，不管味道如何，那是一种家的味道，怀了不可言说的温爱。

对于旧日美食之亲意，有说不出的眷恋之情，特别是离乡的人，尤其怀念家乡的家常菜味道。如今，离开家乡有一段时间了，我发觉记忆深处依然飘散着家乡菜的香味，也许是凡人的常情吧。

情是一切食物最鲜美的调味素，不关乎金钱，只关乎心情。

8

9

10

做法

1. 腐竹用温水泡软。
2. 鲅鱼宰洗干净，斩块，放入料酒、盐腌15分钟。
3. 蒜薹洗净切段，腐竹切段。
4. 锅中放油，下蒜子炸至金黄，盛出。
5. 将鱼放入锅中煎至金黄，盛出。
6. 锅中放油，油热下姜丝、剁椒炒香，再放入蒜薹翻炒。
7. 再放入腐竹翻炒。
8. 调入生抽、糖炒均，离火。
9. 砂锅放到火上，放入炸过的蒜子。
10. 倒入炒好的腐竹、蒜薹，再放入鲅鱼。
11. 加入适量清水，加盖，小火焖10分钟左右即可。

11

厨房小语：剁椒有咸味，盐要酌量加。

5

02

母亲除夕餐桌上的"老三篇"
——糖醋鲤鱼、如意菜、双椒猪手

曾经的岁月，年夜饭是一件盛大的事件。

古人谓年节是常人"大快朵颐，醉饱之期，宴阵足疲，何堪再承受他劳"？而年夜饭的大鱼大肉、大吃大喝，是可以被原谅的，它承载的是喜庆祥和的团圆气氛，与悠哉享乐的感觉。

中国人的春节到底是个大节日，合家举宴，可是除夕这天的重头戏。家家都在做着各种各样的好吃的，油炸的香气、煮化的糖的气味，都飘散在空气里。

在外国人的眼里，真真是一百个不理解，或许觉得："不就是吃顿饭嘛，何必如此大动干戈？"

其实他们不明白，在中国人的心中，并非只是一顿饭那么简单。年夜饭又叫"团圆饭"，为了这顿饭，每一个人，无论在人生的旅途中染了多少悲欢离合的故事，都会被一条团圆的丝线牵扯，回家过年。

在年夜饭的餐桌上，按全家人之数摆上碗筷，不能回来过年的，也放上一副，这也许是一种精神团圆吧。

我家的年夜饭都是由母亲来做。她会在之前准备好一切需要的食材。母亲总说，准备年菜，可千万不能等到年根底下，一近腊月门，就得开始。

母亲的除夕年夜饭，总是离不了她的"老三篇"，无论是凭票供应的年代，还是生活富裕之年，餐桌上永远不能缺的是：一条鱼、一只猪蹄、一盘如意菜。这"老三篇"是必须的，缺一不可，而且讲究质量，讲究烹饪方法，几十年来年年如此。

菜谱

材料：鲤鱼 1 条，面粉 200 克，番茄酱 1 勺。
调料：葱、姜各适量，胡椒粉 4 克，盐 4 克，料酒 10 克，生抽 10 克，淀粉 15 克，糖 100 克，醋 50 克。

糖醋鲤鱼

一年的最后一餐必须有鱼；鱼，一定得是鲤鱼。

鲤鱼好，取年年有余之吉利。宋代的陆佃在《埤雅·释鱼》中记载："俗说鱼跃龙门，过而为龙，唯鲤或然。"

糖醋鱼是母亲的招牌菜。端上桌来，只见一条鲤鱼端然地立在盘中央，身披一层浓厚的金黄料汁，有展翅欲飞的气势。作为一条鱼，优雅体面地完整出场，无疑是对它的最高奖赏，也不枉它入世一场。

那味道，更是成为一种难以抗拒的依恋，带给人一种初恋般的美好。

做法

1. 糖、醋、清水按 2：1：2 的比例调成汁。

2. 面粉、淀粉加水调成糊。

3. 将鱼去鳞、鳃，净膛洗净，在鱼鳃下 1 厘米处切一刀。

4. 在鱼尾部再切一刀。

5. 鳃下的切口处，有一个白点，就是鱼的腥线的头，捏住腥线的头。

6. 轻拍鱼身，很容易就把腥线抽出来了。

7. 在鱼的两面隔 2.5 厘米打成牡丹花刀，切法是先立切 1 厘米深。

8. 再平切 2 厘米。

9. 切好的鱼放入生抽、盐、料酒、胡椒粉腌 30 分钟入味。

10. 淀粉、面粉调成的糊，均匀抹在腌好的鱼上。

11. 油烧至七成热，提起鱼尾，先将鱼头放入稍炸，再用勺舀油淋在鱼身上。

12. 待面糊凝固时再把鱼慢慢放入油锅内。

13. 鱼下锅炸熟，取出。

14. 待油热至八成时，将鱼再次放入油锅内。

15. 用勺舀油淋在鱼身上，炸至酥脆，出锅装盘。

16. 炒锅内留少许油，放入葱花、姜末、蒜末爆香。

17. 再倒入调好的汁和番茄酱。

18. 加少许湿淀粉将汁收浓。

19. 起锅浇在鱼身上即可。

厨房小语：

1. 糖醋鱼的关键还是那一碗糖醋汁。按 2 份糖、1 份醋、2 份清水的比例调配，就可达到最佳甜酸度。当然了，这个配比不是 1 加 1 等于 2 那么简单的公式，而是要根据自家人的口味调配，找到最适合你的比例。

2. 炸鱼时需掌握油的温度，凉则不上色，过热则外焦内不熟，一定要复炸一次，鱼才可酥脆。

如意菜

如意菜，是母亲从江南带过来的一道家常菜。在江南，每逢过年，家家必做，取"事事如意、和顺长久"的好口彩。

这道小炒最基本的食材就是黄豆芽。因其晶莹皎白、身姿窈窕，明人陈疑曾有诗赞曰："有彼物兮，冰肌玉质，子不入污泥，根不资于扶植。"加之形似一柄如意，所以又叫如意菜。

清代美食家袁枚，将豆芽写进了他的美食书《随园食单》中，也算有力挺之意了。

当肥鱼新蔬上桌时，如意菜那缤纷的色彩吸引着人们的目光，爽脆清淡的口感，富有层次而又鲜嫩，更是受宠，便成了最受欢迎的美味。

菜谱
材料：黄豆芽300克，香菜1棵，胡萝卜
　　　100克，香干200克。
调料：盐2克，生抽10克，香油、鸡精适量。

至今，还有些怀念小时候的年，看着父母在厨房里忙碌，伸手去捏母亲刚刚做好的菜，父亲也失了往日的严肃，笑呵呵地看着我们在厨房里跑进跑出。

如今，兄弟姐妹各奔东西，父母跟前的团圆已成了奢望，浓浓的年味只剩下了"团圆"两个字，而"团圆"也已是稍纵即逝。唯有那些团圆的细节，化作岁月的印痕，把心缠得很柔软，很温馨，有时，也有些疼。

做法

1. 黄豆芽择洗干净，香菜洗净，切段，胡萝卜洗净，切丝，香干切丝。
2. 锅中放油，放入胡萝卜翻炒变色。
3. 放入黄豆芽翻炒至熟透。
4. 下香菜、香干炒均。
5. 调入盐、生抽、香油、鸡精，翻炒均匀即可出锅。

厨房小语：蔬菜可以依据自己的口味搭配，也可多加几种。

双椒猪手

记得小时候，每到过年，总是听母亲千叮咛万嘱咐地说："想着买两只猪前蹄回来。"

过年时，离不了的规矩就是啃猪蹄。猪蹄也叫猪手，南方有道著名的菜叫发财就手，就是用猪蹄做的。为了图个好意头，家家户户在过年时，都会烧上一盘猪手来吃。

啃猪蹄的寓意，初时还不太明白，后来问过母亲，母亲说："都是从老辈人那儿传下来的。过年了，啃猪蹄儿是要给来年有个挠头。一定记得要买前蹄啊，猪前蹄才叫猪手，这前蹄搂钱是往怀里搂；别买后蹄，后蹄叫猪脚，猪脚是往后蹬的。"

菜谱

材料：猪蹄1只（约600克），杭椒5个，小米椒5个。

调料：香葱2棵，姜3片，盐4克，白酒30克，花椒3克，生抽10克，苹果醋15克，蚝油10克，糖3克，香油适量。

做法

1. 猪蹄洗净，斩块。

2. 锅中加水，放入猪蹄、香葱、姜片、花椒。

3. 倒入白酒，大火煮开，转小火煮烂熟。

4. 杭椒、小米椒切碎，放入碗中。

5. 放入生抽、苹果醋、蚝油、糖、香油调成
   蘸汁。

6. 猪蹄捞入碗中，调入蘸汁即可。

厨房小语：料汁中生抽、蚝油有咸味，盐可
以不加，或依自己的口味加。

03

煨香几多人家的寻常岁月

——年糕排骨

年味，我最喜欢鲁迅在小说《祝福》中的描述：旧历的年底毕竟最像年底，就在天空中也显出将到新年的气象来，灰白色的沉重的晚云中间时时发出闪光，接着一声钝响，是送灶的爆竹，空气里已经散满了幽微的火药香。

年味总是夹着烟霭和忙碌的气色，在家家户户飘起一缕浓香。

年糕排骨，在我家是过年必吃的一道菜，寓意着节节高升的美意。

之前，过年时的年糕多是母亲自己做的。曾经，是那么钟情于母亲做的猪油年糕。

猪油年糕是江浙一带的经典小吃。袁枚在《随园食单》中，曾写到它的做法：用纯糯米粉拌脂油，放盘中蒸熟，加冰糖捶碎，入粉中蒸好，用刀切开。

母亲做的猪油年糕，用纯糯米粉，加上用糖腌渍的猪油丁和玫瑰酱制成。因为吃多了会觉得有些甜腻，所以每次只能吃一点；老也吃不完，却又那样放在那里不坏，有一种可以吃到天荒地老的感觉。

如今看看各个商店中，年糕以巧思变出万般模样，千种口味，有椰香年糕、韩国年糕、桂花糖年糕、猪油年糕、宁波年糕等等，姿态不同，才有了各种味道。

特别是那种精美的锦鲤年糕，栩栩如生的锦鲤造型，犹如水中游动的红背锦鲤，煞是好看，如此"锦"，怎么能吃它，多是安置在隆重处，让我们一眼望过去，便碰个好头彩。

菜谱

材料：猪肋排 400 克，年糕 200 克。

调料：盐 2 克，糖 5 克，生抽 15 克，甜面酱 10 克，番茄酱 10 克，花椒 15 粒，葱 10 克，姜 10 克。

不知从何时起，我喜欢上了那种白年糕，模样很周正，只是一味的白色，简简素素，温润细腻，又是朴素的百搭菜，可荤可素，随便怎么烧，与谁一起烧都可以，既能当饭又能当菜，像极了江南水乡的小女子，浓妆淡抹总相宜。

年糕排骨，是地道的上海风味，小排佐以糯而薄的白年糕，加足了酱油和白糖两个"冤家"，在浓油赤酱中煨熟，白年糕傍着肉汤提味，谁也不觉得排骨会因此损失了肉的香气，而白年糕借了汤汁肉香的同时，也并未被淡化它本身的清新味道。

年糕排骨，只不过是寻常人家的家常饭食，却也是美味之食，只需朵颐称快，无需吃出个浮云如梦、云破山空的禅意。

人间烟火，哪有极品，只因当时饥渴，所以销魂。

做法

1. 年糕取出，掰开。

2. 排骨冷水下锅，放入花椒粒，焯水。

3. 锅中放油，下排骨炒干，放入番茄酱炒匀。

4. 加入葱姜，再调入生抽、甜面酱、糖炒匀。

5. 入开水，大火烧开转小火炖至排骨酥烂。

6. 将年糕加入，调入盐。

7. 年糕软烂、汤汁收紧后，即可关火。

厨房小语：

1. 年糕要等排骨熟了后再放，否则会失去Q 的口感。

2. 加了生抽和甜面酱，盐可酌量。

04

儿女坐团圆，杯盘散狼藉

——五仁月饼

中秋节的过法多种多样，并带有浓厚的地域特色，但是，最不可缺的是那一小块月饼。咬上一小口，月饼的甜甜蜜蜜，就能与思念一起存放在心底，在想念亲人之时慰藉内心的孤独。

月饼里这诸多的糖分，很甜腻，然而这份甜腻是能够被人们原谅的，这时的甜腻代表着团圆的心，那就是一种非常应该的甜。

还有，那些月饼"老字号"的名字，如：莲香楼、杏花楼、吉庆祥、稻香村、冠生园，美名使人觉得心底尽是暗香，会勾起人们月圆之夜的思念之情。

从古到今，关于月饼的记载就更多了，其中《咏月饼》诗中写有："入厨光夺霜，蒸釜气流液，搓揉细面尘，点缀胭脂迹。戚里相馈遗，节物无容忽……儿女坐团圆，杯盘散狼藉。"从月饼的制作、亲友间互赠到设家宴赏月，叙述无遗。

看到这首诗，我便想起小时候，每逢中秋，家家户户都要做手工月饼。时值秋季，花生、芝麻、枣、核桃等等都不缺，母亲用这些吃食拌上白糖或红糖，便可做出十分地道的五仁月饼馅，然后用鸡蛋、油和好面，做成面皮包上馅，再拿出一个香椿木做月饼模子，把包好的面团放进模子里，将面团挤压成平整的圆形，后猛地一敲模子，一个月饼胚就蹦了出来。

菜谱

饼皮：中筋面粉200克，奶粉10克，转化糖浆150克，枧水2克，花生油50克。

馅料：熟花生100克，熟杏仁40克，熟腰果40克，熟瓜子仁25克，熟黑白芝麻各25克，冰糖100克，麦芽糖50克，玉米油50克，凉白开90克，熟糯米粉200克，玫瑰酱20克。

表面刷液：蛋黄1个，蛋清1大勺，混合后调成蛋黄水。

母亲的月饼模子里面雕刻着"花好月圆"，精致漂亮，她说用香椿木模子做出的月饼香气怡人，味道独特。

接着就是上鏊子烙烤了，母亲把月饼胚子涂上一层油，整整齐齐地排列着。她对火候的把握十分到位，不久月饼的香气就在房间里漫溢开来。刚烤出来的月饼香甜酥软，放一晚上，第二天再吃，略微变硬了些，又是另一番风味。

时下，商场里的各式月饼名目繁多，但是，我依然怀念母亲做的手工月饼，那份甜里有一缕温馨。

儿女坐团圆，杯盘散狼藉。这是一年的好光景，如此的美景与良辰堪惜，想想就觉得休得辜负才好。

五仁馅的做法

1. 熟花生、熟杏仁、熟腰果放入保鲜袋中，用擀面杖敲碎，这样敲会剩下大粒。也可以切的。
2. 冰糖捣碎，不宜太碎，粗粒即可。
3. 熟花生、熟杏仁、熟腰果碎粒放入盆中，放入碎冰糖。
4. 放入麦芽糖、玉米油、熟瓜子仁、熟黑白芝麻，加入玫瑰酱。
5. 倒入熟糯米粉、凉白开。
6. 和成团即可。做好的五仁馅以能捏成团、不开裂、不渗油为最佳。

厨房小语：为了省时省力，买的材料最好都是熟制品，若是生的食材，要放入锅中炒熟再用。

五仁月饼的做法

1. 在转化糖浆里加入枧水，混合搅拌均匀。
   在混合好的糖浆里，加入花生油，并搅
   拌混合均匀，倒入面粉和奶粉中。

2. 揉成面团。揉好的面团包上保鲜膜静置
   1个小时。

3. 取五仁馅55克，搓成圆球，饼皮面团
   分成20克一个。

4. 取一个饼皮面团，在手掌上压扁。

5. 五仁馅放在面团中间。

6. 用两只手把饼皮慢慢往上推，包裹住五仁
   馅。要尽量让饼皮厚薄均匀，不要露馅。

7. 包好以后，成为一个圆球。

8. 模具中薄薄地刷一层油。

9. 把圆球面团放进模子。

10. 压出花纹。

11. 提起模子，就好了。

12. 在月饼表面喷点水，放进预热好200
    度的烤箱烤焙。烤5分钟左右，等月
    饼花纹定型后，取出来在表面刷上蛋
    黄水，再放进烤箱，烤到周围呈腰鼓形，
    饼皮均匀上色以后就可以了。一共需
    要烤大约20分钟。

厨房小语：

1. 枧水是一种碱性的水溶液，成分较复杂。如果买不到，可以把食用碱面和水按1：3的比例混合调制来代替（比如，10克碱面兑30克水，可以制成40克的枧水）。

2. 时间供参考，请根据烤箱实际情况调整。

举重若轻的裸烹

——蘸水腰片

裸奔，你懂哈。

裸烹呢？

那日，几位去餐馆吃饭，小荟对着餐馆的服务生千叮咛万嘱咐："不要放味精，盐、油、糖都要少放一些……"

朋友们对她的举动甚是不解。小荟说："如今的新食尚是什么，你们知道吗？可都听仔细了，是'裸烹'！"

裸烹，就是在烹饪过程中不使用非天然、不安全的添加剂，只用天然佐料提升食材的鲜味，而不掩盖其原汁原味，制作色、香、味俱全且营养健康的菜肴。

我问她："这就是裸烹吗？我妈做的菜，连鸡精都排斥，只放少量盐和酱油，从没有加过添加剂，都是不施粉黛的清水出芙蓉。"

母亲做菜，笃信天然，摈弃味精之鲜，口味与口感都属于"轻"一类。她会把香菇、蛤蜊煮成浓缩味精汤，香菇与干贝磨成粉，做成味精，炒菜时就用它们来提鲜，讲究的就是这天然的拈花一笑的举重若轻，本色到使人不觉其是慨然。

蘸水腰片，算得上母亲的拿手菜。腰片就是白灼的。白灼是粤菜里突出清淡的烹饪手法之一，以煮滚的水或汤，将生的食物烫熟，称为灼。

菜谱

材料：猪腰 1 对。

调料：葱末 10 克，小米椒 6 个，蒜泥 30 克，花椒 4 克，淡口酱油 10 克，苹果醋 15 克，纯净水 30 克。

灼的方式，可以减少对油、盐的摄入，又很好地保留了食材的营养成分，是最清爽健康的裸烹方法。

腰片口感柔嫩，非常美味，是餐桌上人见人爱的下酒菜，但是猪腰的膻味让很多人望而生畏。

母亲告诉我一个去腥膻的妙招。猪腰之所以有腥味，都是里面的白筋所造成的，所以最关键的是要把它剔除干净。另外，锅中加清水，放入一勺花椒，煮开1分钟，放入猪腰片，腰片变白，关火，再在花椒水中浸泡5分钟即可。

蘸水腰片水煮而成，如此清淡的菜肴如何能满足口腹之欲呢？蘸水才是这道菜的灵魂。腰片蘸过料汁，口感清爽，且有一股独特的香味。

记得童年的菜肴，记得传统菜原汁原味的规矩，信手放一撮盐、一勺酱、一颗八角、一块桂皮、几滴香油，星星点点的天然的调料，把味道衬起来，成就了一盘浓郁的小菜。

它似一朵清丽的小花，在我的心里，绽放成它们自己的样子。

做法

1. 碗中放入葱末、蒜泥，调入淡口酱油、苹果醋、纯净水。
2. 小米椒切碎放入碗中，调成料汁。
3. 猪腰中间剖开。
4. 去除白色的腰臊。
5. 片成片。
6. 锅中加适量清水，放入花椒煮5分钟。
7. 放入腰片。
8. 煮开后即可关火。
9. 腰片在花椒水中浸泡5分钟，捞出，与料汁一起上桌，蘸食即可。

厨房小语：

1. 此味汁中小米椒有一定辣味，用量可根据自己的口味确定，可特辣、中辣，盐也可依自己口味加。

2. 此味汁不加任何油，这样辣味才清爽，用矿泉水或冷开水也可以。

3. 此味汁可作荤菜原料的蘸碟，可做蘸水兔、蘸水肚条、蘸水白肉等。

06

淡到极处滋味浓
——桂花饭

蛋炒饭，既能居庙堂之高，又可处江湖之远。

上得了大台面的是大名鼎鼎的扬州炒饭，与之相比，桂花饭又是何等的朴素。

扬州炒饭的华丽，以及平铺直叙的雍容，吃过的人都可领略一二：白籼米、鸡蛋、水发海参、鸡腿肉、精火腿、水发干贝、虾仁、水发花菇、冬笋、豌豆、香葱末、湖虾籽、绍酒、鸡清汤，几乎可与周代"八珍"中"浮熬"、"浮母"媲美。

扬州炒饭像极了大家闺秀，有美女如花隔云端的好。而桂花饭，则好似江南殷实人家的小家碧玉，别有一种满怀点点心事的美。

喜欢桂花饭，一是从小吃到大，二是觉得它有一个极雅致的名字，读来就已是满口生香，扑入心，扑入面——真香。

桂花饭之名，大约取其形似吧，白白的米饭间，掺杂着鸡蛋和葱花，黄的是蛋，白的是米，绿莹莹的自然是葱花，像极了那淡淡的一树八月桂花，黄得那样寂寞，却又香得这样销魂。

如今，最想念的还是儿时那一碗热气腾腾的桂花饭，一碗剩饭而已，却是成长岁月里难言的滋味。

桂花饭，虽似小家碧玉般温婉，却也有她使然的小性子。一定注意把饭炒烫了再倒蛋，不然就会有腥味了。

菜谱

材料：米饭1碗，鸡蛋2个，香葱2根。

调料：油，盐适量。

用作炒饭的米饭不要选择很软很黏的，要剩饭，要硬些；炒锅的油一定要热，再放入炒饭；一定得不停地翻炒。米粒被油浸得亮晶晶，一粒粒地在锅里跳跃的时候，再将打散的调好味的蛋液倒在饭上，蛋液随之与米饭结成同盟，这时趁势撒下葱花，炒至金黄。

漂亮的桂花饭，饭要粒粒分开，蛋要紧随着米饭，让每一粒米饭上都闪着鸡蛋金灿灿的黄色。

不论把蛋炒饭说得怎样的热闹，也只不过是一碗剩米饭的华丽转身，最终还是老百姓餐桌上最朴素、最家常的一碗饭。

人间最美味的东西，绝不是山珍海味，而是把最普通的东西做得色香味俱佳。

无论是什么派，好吃的蛋炒饭，就是自己爱吃的那一种。

那就先下饭，再下蛋。

4

做法

1. 鸡蛋打散，香葱切末。
2. 锅中放油，炒锅的油一定要热，然后放入米饭翻炒。
3. 倒入打散的鸡蛋，炒至鸡蛋凝固。
4. 加入盐调味，撒香葱末，翻炒均匀后即可出锅。

厨房小语：要剩饭，要硬些，炒锅的油一定要热，不然蛋液炒出来会有腥味。

07

可以醉，可以不醉

——酱花生米

母亲的这盘酱花生米，色如琥珀晶莹透剔，颗粒饱满，兼容了南北风味，既有北方酱菜的偏咸味，又有南方酱菜的甜味，鲜嫩甜脆，酱香浓郁，却似丹青水墨，浓淡轻岚为一体，一粒花生入口，品味到独特脂香，吃罢令人神清气爽。

中国好像什么东西都可以拿来酱，因为，酱腌得美味。花生也不例外。

酱花生米，是一道非常适口的下酒菜。

说到下酒菜，"温一壶月光下酒"，是我见过的最耽美的下酒菜，犹如斋菜。写下这样句子的是台湾作家，林清玄。将月光装在酒壶里，用文火一起温来喝，第一次读到时完全是一种惊艳的感觉，能把去年的月光温到今年才下酒，这是风趣，也是性灵，其中是有几分天分的。

温一壶月光下酒，好像只适合李清照这样的薄凉女子。

又有"汉书下酒"，最是儒雅，乃出自北宋的苏舜钦。论喝酒，无论讲求怎样的格调，朴素的食物最让人感到踏实，所有的情理都在其中。

袁枚在《随园诗话》里提过杨诚斋的话："从来天分低拙之人，好谈格调，而不解风趣，何也？格调是空架子，有腔口易描，风趣

菜谱

材料：花生米 500 克。

调料：大料 1 个，桂皮 1 块，酱油 100 克，甜面酱 50 克。

1

2

3

4

5

6

7

专写性灵，非天才不辨。"

老祖宗说得好："瓦盆与金尊注酒，同一醉也；蔬食菜羹与烹龙炰凤，同一饱也。"

最朴实的下酒菜，出自《儒林外史》：牛浦郎的祖父牛老爹跟卜老爹吃小酒。这样的小酌，格外有人情味。酒是牛老爹店里卖的百益酒，下酒菜就是两块豆腐乳和些笋干、大头菜。两家小辈的婚事就在这场小酌中决定了。

黄昏时分归家，依窗而坐，一壶老酒、一碟酱花生米，老酒浅抿，然后捏起一颗酱花生米，慢慢放进嘴里，细细咀嚼，独自一人可以喝上两三个小时。

而后谋一薄醉，让一盏老酒浇开心里的薄冰三寸，所有的不平事，倒头睡去也算摆平了。

也可与友一起，不在乎灯有多亮，小菜不在乎多，也不在乎好，如是草草杯盘供笑语，昏昏灯火话平生。

把酒言欢状，一副陶渊明黄菊竹篱下的从容与闲适，可以醉，可以不醉。

8

做法

1. 把花生米洗净，放入清水中泡开。

2. 去掉花米的外皮。

3. 锅中加水，水烧开后放入花生米，再次烧开后立即捞出，不要煮啊。

4. 捞入大碗中。

5. 锅中加少许清水，倒入酱油。

6. 倒入甜面酱。

7. 放入大料、桂皮，烧开。

8. 将酱汁倒入花生中。

9. 加盖腌 24 小时即可。

9

厨房小语：

1. 花生不可在水中煮得时间过长，水开后下花生米，再次烧开，立即捞出，否则口感就不脆了。

2. 酱汁以没过花生为宜，不要太多，吃完花生米之后，酱汁还可再用。

08

低眉间，一碗清淡温润汤

——淡菜粉丝汤

在那些，年轻得不知天高地厚的日子里，我总一味地追求口欲之欢，吃东西总是"大甜大咸"。

因此，不喜欢喝母亲做的种种清炖的汤，觉得滋味寡淡，能让嘴里淡出个鸟来。

辣与甜，曾经与我极度缠绵。

水煮鱼、水煮肉片，那飘了一层红油的菜，那种干辣椒实在酣畅淋漓，火烧火燎地在舌尖上缠绵着。

甜，更是迷恋得又惊心动魄又无聊。从早茶到宵夜，肉和粥大多也都是甜的，印象中那种悠长的甜馨，悄然无声地在每道荤素之中渗透而过，似和一个人初恋着似的，粘在一起，没完没了，每啜一口，都好似在将一勺勺糖倒进肚里。

那时，如一朵饱满的牡丹花，只顾着一味地盛开盛开，那样的纯粹。

慢慢的，人到中年。

如今，大甜大咸已离我而去，留下的只是味蕾上的记忆了。母亲做的各种清汤却带着饱饱的爱意，总会从心底浮起，我抓住了，固执地抓住了。

终也懂得了，母亲那种生活的言简意赅，饮食的删繁就简。

有人说，越是年轻的时候织锦繁华的人，最后越能归于安静。收敛起从前的张扬，简单素朴的东西，是最珍贵最难得的。

菜谱

材料：菠菜150克，淡菜50克，粉丝1把，口蘑4个。

调料：盐3克，胡椒粉适量。

　　年龄越长，越喜欢清淡了。静气于生活亦是复归于质朴，大气凛然的。

　　谁都喜欢那种"红藕香残玉簟秋"，"吞梅嚼雪"的华丽日子，可是烟火气的生活，正如母亲的一饭，一粥，一汤，一菜，一个黄昏，一个早晨。

　　母亲打过来电话，告诉我，秋天到了，天凉了，记得要多喝碗热汤，絮絮叨叨的都是一些琐碎的生活小事。

　　刹那间，想起了母亲的淡菜粉丝汤，那是一碗不需要多高境界的汤，那是一种一切都浑然天成，朴素而真挚的汤，却是最清淡而最温润的味道。

　　低眉间，一碗淡菜粉丝汤，汤色清澈，清香醇浓，香气弥漫。

做法

1. 菠菜洗净，切段；口蘑切片。

2. 粉丝、淡菜分别加温水泡开。

3. 菠菜放入锅中，焯水捞出。

4. 锅中另加清水，放入淡菜、口蘑煮开。

5. 放入粉丝煮软。

6. 放入焯过水的菠菜。

7. 调入盐、胡椒粉即可出锅。

厨房小语：菠菜焯水可除去草酸钙。

09

可以靠近温暖的一缕炊烟
——野菜生煎包

生煎包，有一种记忆里的独特味道。

那是炊烟的味道，炊烟的味道，就是家的味道。

我曾拥有过一缕炊烟，却一步步地离温暖的炊烟越来越远了，从此成为了美丽的回忆。

记忆中，母亲经常会做一种生煎包，那是从柴火灶上做出来的。灶间其实不大，光线略略的暗淡，一个用红砖砌成的灶台，上面安放着一口直径一米多的铁锅。

厚实的土墙上开着一个狭小的窗子，烟囱从墙角伸出屋外，暮色初动，袅袅白烟空中飘散，与浓郁的青草味混合在一起。

想起那炊烟的味道，是一种怎样的乡愁。

母亲每回做生煎包都十分仔细，馅料不能太湿，面皮也不要太软太薄，否则受热后会出汤，滋味也就随着汤汁跑掉了。

在底锅略抹一层油，将包好的生煎包轻轻地摆放在锅里，整整齐齐地摆好，一个挨一个，之间也要留有空隙。盖上盖煎2分钟，再倒入白面汤（即清水内兑入少许面粉搅成的面汤，水和面粉的比例是10：1），水量没过包子底略多些就行，以洒在生煎包的缝隙处，使之渗入锅底部为好。

盖上锅盖，灶膛里添上许多玉米芯，那猩红的火苗闪烁着红亮，放纵地舔着黑黑的锅底，弥漫着一屋子柴草的清香。

菜谱

材料：面粉400克，酵母3克，牛肉400克，面条菜300克。

调料：葱10克，姜末10克，盐3克，生抽15克，糖3克，料酒10克，五香粉3克，香油适量。

煎烙两三分钟后，再倒入食用油，用量和平时煎炒食物差不多。整个煎的过程中放两次油，第一次是为了防止煮的过程中粘锅，第二次才是煎，可以多放点。

红红的灶火，映照着母亲慈祥的面容，雾霭霭的烟气里，母亲的身影十分圣洁，似乎这种操劳，于她是一种享受与满足。

约5分钟后就好了。掀开锅盖，生煎包的面皮白如凝脂，用铲子取出时，五六个连在一起，底部被煎得金黄，那颜色，有着芬

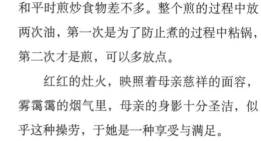

芳的质感，热气腾腾地婉约氤氲着清香，浩荡着，近乎放肆。

　　一家人总是吃得其乐融融，欢声笑语中日子过得充实，有希冀。

做法

1. 面粉与酵母兑好加入温水和成面团，醒20分钟。

2. 面条菜放入锅中，焯水后捞出。

3. 牛肉切成肉馅，放入碗中。

4. 肉馅中调入盐、生抽、糖、料酒、五香粉、香油，顺一个方向搅拌均匀，腌15分钟。

5. 再放入葱、姜末，拌匀。

6. 焯过的面条菜切末，放入肉馅，拌匀。

7. 取一块面团揉匀，下剂，擀皮。

8. 放入馅料。

9. 包成包子。

10. 锅中淋少许油，将包子放入锅中，撒少许黑芝麻。

11. 盖上盖煎2分钟，倒入面汤，水量没过饺子底略多些就行。

12. 再淋入30克食用油，撒葱花，盖住焖煎5分钟。底部呈焦黄色时，离火即成。

厨房小语：

　　1. 做生煎包馅料不能太湿，面皮也不要太软太薄，否则受热后会出汤，滋味也就随着汤汁跑掉了。

　　2. 面汤的比例是：水和面粉 10∶1。

突出重围的卤蛋

——印花卤蛋

记得小时候，不管是谁家，结婚生子都会给亲朋好友送红鸡蛋，常常盼着有人送红蛋来，欢喜的是那份世俗的吉庆与热闹。

母亲做的煎蛋让我欢喜，摊开的蛋白中间，有一颗金灿灿的亮丽蛋黄，像刚刚升起的太阳，让整个早上充满了鲜香与阳光。

最爱的还是母亲做的卤蛋，披着油亮的深褐色的外衣，细腻滑润、咸淡适口，很香，善意的味道。那是一种祥和安宁的快乐，一份实实笃笃的脚踏实地的日子，几乎与此同时，细细地牵出味道的柔情，有岁月静好之气。

一开始，我还是按照母亲最原始的方法做卤蛋，可是做的次数多了，渐渐地便不安分起来，每一次都会有这样那样的调料变化。这五香啤酒卤蛋，只是加了一碗啤酒，因啤酒的浓郁逼退了鸡蛋的腥气，也改变了卤蛋口味。

我问母亲，味道怎么样，母亲只说了两个字，还行。这"还行"两字，已是母亲给出的肯定了。

5分钟快速卤五香蛋要注意两点：首先是煮蛋，要冷水下锅。稍微放点盐，可以防止鸡蛋在煮的过程中开裂。煮开1分钟后，将蛋捞出，敲破蛋壳后放回锅中。

菜谱

材料：鸡蛋10个，香菜叶10片，纱布
  10块。

调料：啤酒1听，老抽10克，盐5克，八
  角1个，桂皮1块，小茴香2克，甘草2
  克，草果2个，香叶1片。

其次是啤酒，加入啤酒后再煮5分钟即可关火，再狠狠地泡上半个小时以上，慢慢地渗透，才不辜负啤酒那浓郁的风味。

然而，这些只是点到为止，真正要把卤蛋做得色香味俱佳，火候全在顾盼之间，调味料的选择尽在方寸之内。

剥了蛋壳，贴了香菜叶，是我的创意之举。这样一来，卤出的鸡蛋便有了一个树叶的美妙图案。点染之余，一个华丽转身，只觉得生活是这样小桥流水、清风诗意。

母亲做的卤蛋，百吃不厌，既可当饭又可当菜，纳入口中，有香浓幼滑的口感，嚼之味醇浓郁，深入骨髓，有一种温老暖贫的质朴，不华丽，不风情，不颓迷，让平常日子转觉另有一种新意。

生活本来就是如此，被幸福淹没的时候，原来，往往是最平常的那道菜。

5

6

7

8

做法

1. 将鸡蛋洗净，冷水下锅，锅中的水没过鸡蛋，煮5分钟。

2. 煮好的鸡蛋，去皮，香菜叶蘸少许水，贴在鸡蛋上。

3. 用纱布包好，扎紧。

4. 鸡蛋全部包好。

5. 鸡蛋再放回锅中，加清水。

6. 香料放入调料盒中，放入锅中，再倒入啤酒。

7. 放入老抽、盐。

8. 再煮5分钟，关火。

厨房小语：泡上一定的时间，味道更佳。

11

江南传统的经典家常面

——开洋葱油拌面

有诗云"玉盘珍馐值万钱"，形容美味又价值连城的美食。美食与金钱是成正比的吗？

母亲做的饭，没有玉盘珍馐，更不会红绿相间，荤素搭配，更多的是量入为出、量材为用的家常饭。

可是，这样做出来的饭吃起来却很舒服，很香。

母亲常说：粗饱饭安居可以休。

粗饱，曾经是一种贫困年代的单纯滋味。

如今，人们的饮食越发的精细了，有时候徒具形式，却没了往日饭菜的况味。樽俎灯烛间，面对华丽深邃的宴席，觥筹交错时，到底是失了"衣冠简朴古风存，莫笑农家腊酒浑"的人间情味的温馨意境。

归根结底，这所谓的粗饱，是实实在在让人觉得美味而又温暖的食物。母亲做的家常菜，都是这种实实在在的美味，会让人觉得特别亲切、妥帖，吃了也格外的暖心暖胃。

自小就喜爱面食，喜爱母亲做的那碗开洋葱油拌面。母亲钟爱面食，面条、馒头、饼全都拿手。

母亲告诉我，开洋葱油拌面吃的就是葱香，制作葱油是最为讲究的一个环节。

母亲采用的多是苏北熬葱的方法，炸葱油用的是细长的香葱。葱炸干时即加入酱油回烧，让酱油在沸油中融进大量葱的香味，然

菜谱
材料：面条300克，开洋50克，洋葱1个，
　　　香葱4根，黄瓜1根。
调料：油100克，盐3克，生抽15克，蚝
　　　油10克，黄酒10克。

后放入开洋、花雕大火熬煮开。

南方以前家家都会贮存一点去皮的虾干，也叫开洋，放一点提味至极。吃的时候将熬香的葱油加上烧透的开洋，和面条一起拌匀。

切记，须得拌匀了，让每根面条都沾上葱油，彼此不会粘连，亮油油、鲜滋滋，这时，面条的韧、开洋的鲜、葱香、油香、面香的相互糅合勾引，都融于这一碗朴素的面中。

你会发现面香、葱香、油香在你的唇齿之间弥散开来，那股葱油香味恰如其分，不张扬、低调、包容，却可以让你心生荡漾。

记忆越存越香，自然就变成了一种无法忘记的味道，我知道，自己所需要的，就是母亲能给的这样一种粗饱温暖的食物，在粗饱中温暖着这平淡的日子。

做法

1. 黄瓜切丝。

2. 开洋冲洗后，用黄酒泡软 15 分钟。

3. 洋葱切丝，香葱切段。

4. 锅中放入适量油，冷锅放入香葱和洋葱，开最小的火，开始慢慢地熬制，中间用筷子稍微翻动一下。

5. 锅中的香葱颜色开始变深即可关火。捞出洋葱和香葱，将熬好的葱油倒入密封瓶中，完全凉透后盖上盖子，放进冰箱里冷藏保存，可保存 1—2 个月。

6. 锅中留少许葱油，放入开洋，小火慢慢煸香。

7. 煸至开洋发黄，加入适量生抽、蚝油、盐调味，可根据自己口味适当调整。

8. 再加入少许清水烧开即可。

9. 锅中加入清水，大火烧开，将面抖散后下入锅内，用筷子拨散，煮熟捞出，也可适当过凉。面条盛入碗中，放上炒好的葱油、黄瓜丝，搅拌均匀即可。

8

9

厨房小语：

1. 最好选用味道不是特别浓重的油，油要没过香葱、洋葱的 2/3。

2. 熬葱油一定要用细火慢熬，不宜加盖锅盖。

12

心事重重的馄饨

——红油鸡肉馄饨

馄饨，方方正正的皮里，各有乾坤，浓浓淡淡的汤里，各有滋味。

饺子和馄饨都是一张张面皮，抹上馅儿，包得大小均匀，严严整整，心事重重的样子。

可总有人疑问，饺子与馄饨有什么区别？只是方皮还是圆皮，长形还是圆形的区别？

用馄饨自己的话说：别忘了我的出身比你早呢。

两千年前，先有了馄饨，后有的饺子。千百年来，饺子的模样从一而终，无甚改变，而馄饨却发扬光大，有了自己独树一帜、繁花似锦的风格。

据三国魏人张揖著《广雅》记载，那时已有形如月牙称为"馄饨"的食品，和现在的饺子形状基本类似。到南北朝时，馄饨"形如偃月，天下通食"。

这也许就是变化的好处，怎么可以踏步不前呢？

很少有哪种食物像馄饨一样，有如此繁多的叫法，只不过是换了一件又一件的"马甲"罢了。

在北方叫馄饨；在四川叫抄手，有道名菜就叫"红油抄手"；在福建和厦门又叫扁肉、扁食、肉燕；湖北有人叫它水饺、包面；广州叫云吞；在南昌则主角已被隐去，只有"清汤"了。

菜谱

材料：鸡腿1只，馄饨皮150克，香菇4个。

调料：香葱4根，姜末5克，盐3克，生抽8克，料酒10克，胡椒粉5克，香油、红油适量。

最别致有趣的叫法要数安徽的皖南，这里的人把馄饨叫做包袱，乍听来不知所云何物，细细品味之后，还真是形象极了。

母亲做的红油馄饨，兼具南方馄饨的精致婉约和北方馄饨的淳朴豪放，因为她前半生生活在江浙一带，后半生则居住在北方。

以馅而言，北方吃得比较粗旷，并且较为单一，所以馄饨做得就不如南方人讲究，多为猪肉加些葱、姜和调料。而南方吃得比较细腻讲究，不仅猪肉为馅，就连鸡、鸭、鹅、虾、蟹等都可入馅。

母亲做的红油馄饨，虽然是北方人常用的馅料，但是特别注重汤的滋味。馄饨的魅力也就在这汤的鲜美了，汤不鲜，吃馄饨也就了无生趣，寡淡得很了。

清朝同治年间的诗人杨静亭写过一首馄饨诗：包得馄饨味胜常，馅融春韭嚼来香，汤清润吻休嫌淡，咽来方知滋味长。

红油馄饨的做法，把鸡腿骨与鸡皮一起放入锅中，加葱、姜、料酒煮成鸡汤，然后用鸡汤来煮馄饨，出锅后，洒上紫菜、冬菜、青蒜末，或者是虾米皮儿，再淋上红油。

那真是，汤清润吻休嫌淡，咽来方知滋味长。

8

9

做法

1. 将鸡腿肉去骨、去皮。
2. 剁成鸡肉馅，调入生抽、盐、料酒、胡椒粉、香油搅拌均匀，腌15分钟。
3. 香菇切末，与葱姜末放入肉馅中。
4. 鸡骨和其它部位加入葱、姜、料酒，放入锅中，加适量清水。
5. 烧开后撇去浮沫，煮成鸡汤。
6. 取馄饨皮包入鸡肉馅。
7. 对角折。
8. 捏紧两角，制成馄饨。
9. 包好的馄饨。
10. 将馄饨放入鸡汤中煮熟，出锅后调入香葱末、红油、胡椒粉即可。

10

厨房小语：这是两人份，用了1只鸡腿。若是家中人多，可选用整只鸡来做。

13

人情冷暖薄如纸的薄

——九味白肉

九味白肉，是因为用到了蒜泥、陈醋、辣椒、胡麻油等九味调料而得名。

九味白肉的前世是"白肉"。最早记载"白肉"这道菜的，是宋代孟元老的《东京梦华录》。

清代美食家袁枚在他的美食书《随园食单》中写道："须自养之猪，宰后入锅，煮到八分熟，泡在汤中，一个时辰取起。将猪身上行动之处，薄片上桌。不冷不热，以温为度。此是北人擅长之菜。满洲'跳神肉'最妙。"

九味白肉，传统做法是用手工切肉片，很是考验娴熟的刀工技巧，肉片要切得匀薄大张。味道以酸辣味为主，醋、蒜味突出。

母亲让我捣蒜泥时，总是嘱咐一句，加点盐。捣蒜泥时加点盐，一是为捣蒜时蒜瓣不向外跑，也是为了让蒜泥更黏稠。

很多人做蒜泥是用刀拍碎，再慢慢切成细末，这样也可以，只是这种方法做成的蒜泥味道要差了许多。

捣好蒜泥，要在空气中静置 20 分钟以上，大蒜中的大蒜素才可发挥作用。然后，加入酱油，加点醋，蒜泥的香气便出来了，风味更佳。

母亲用蒜泥汁可以做出很多菜肴，不仅可以拌食许多荤素菜，

菜谱

材料：猪后腿肉（或五花肉）500 克，黄瓜
　　　1 根。

调料：盐 2 克，蒜 6 瓣，泡姜 5 片，味极
　　　鲜酱油 15 克，香醋 10 克，香油、红油、
　　　鸡精适量。

例如蒜泥木耳、蒜泥豆角等，而且吃凉面的时候，把捣好的蒜泥放一些在凉面里，滋味便深长了许多，让清淡的凉面不落沉闷的意象。

九味白肉是母亲常做一道家常菜，餐桌上总流连着它的身影。

酱油、红油辣椒、白糖、味精调成蒜泥味汁，与白肉又产生互补作用，蒜味浓郁，咸辣鲜香之余，并略有回甜，吃上一片，九味并存，口感复杂却不凌乱。

6

7

做法

1. 黄瓜切片，蒜捣成泥。

2. 碗中放入盐、味极鲜酱油、香醋、香油、红油、鸡精搅拌均匀，调制成味汁。

3. 将五花肉放入沸水中煮烫，然后捞入凉水中。

4. 凉水锅里，放入葱、姜、料酒。

5. 将肉洗净，放入锅中，大火烧开，浮沫撇出去，小火煮熟，关火。

6. 将煮好的白肉放凉，切成片。

7. 泡姜放入碗中，肉片卷入黄瓜片，放入碗中。

8. 倒入调好的料汁，即可食用。

8

厨房小语：

1. 煮肉时，一定要用小火焖煮，煮出的肉，软中带硬，有嚼劲，且越嚼越香。

2. 泡姜起到解油腻的作用，若是买不到，可以不放，蒜最好捣成蒜泥。

14

出身极有根底的饼

——玫瑰火饼

母亲会做很多种饼，有散发着面香的厚实的发面饼，有飘着各种菜香的馅饼，还有油锅盔、油饼、鸡蛋饼、荷叶饼、千层油旋饼等等，样样都很绝，但最难忘的还是玫瑰火饼。

记得母亲有一本《古代菜谱名点大观》，旧旧的书页，泛着淡淡黄色，书里全是文言文，满篇的之乎者也，一个个繁体字，是那样的陌生。

后来，等我在大学修完《古代汉语》和《古代文学》两门课程之后，终于看懂那本菜谱的内容了。

母亲常做的玫瑰火饼，就是书中的一种面点。

书中引清朱彝尊《食宪鸿秘》记载：面一斤、香油四两、糖四两（热水化开）和匀，作饼。用制就玫瑰糖胡桃白仁、榛松瓜子仁、杏仁（煮七次，去皮尖）、薄荷、小茴香末擦匀做馅。两面做芝麻炕熟。

其中，馅料玫瑰糖就是玫瑰酱，用鲜玫瑰花加适量糖渍而成，再加入榛子仁、松子仁、瓜子仁，做成玫瑰馅。

母亲和面用的水温很讲究，不能太凉，也不能太热，否则烙出的饼过硬或过软，没有了香酥脆的口感。

母亲和面用的是釉瓷盆，揉面不但讲究揉的时间，还要做到面光、手光、盆光。

菜谱
面皮：面粉 160 克，糖 10 克，水 75 克。
油酥：面粉 80 克，油 50 克。
馅料：玫瑰酱 100 克，红薯泥 80 克，熟瓜
　　　子仁 30 克，熟腰果 30 克，熟花生米 30 克。

母亲有一根枣木做的鱼肚形小擀面杖，略尖的两头，是用来做饼的专用工具，想擀什么样就出什么样，要薄可薄，要厚可厚。

我最爱吃母亲刚刚做好的玫瑰火饼，一层一层地缠绵在一起，金黄而酥脆，一口咬下去，玫瑰浓烈的色彩与香气，一点也不温润，奔放地开着，香着。

这真是要人命的香，像一条冰凉的小蛇，轻轻地盘踞在人的心里，一下子侵略了很多空间，有一种春日迟迟的气息。

也许，最好的食物，混着记忆的香，附着旧事的醇，是多少次寻觅后获得的，几乎与此同时，细细地牵出味道的柔情。

做法

1. 面粉160克，糖10克，水75克，和成面团，醒15分钟。

2. 面粉80克放入碗中，50克油加热到略有青烟，倒入面粉中。

3. 边倒边搅拌，调成油酥。

4. 玫瑰酱、红薯泥放入碗中。

5. 熟瓜子仁、熟腰果、熟花生米压碎，放入馅中。

6. 拌匀。

7. 面团擀成薄饼，将油酥放入面饼上。

8. 包成包子状。

9. 然后擀开。

10. 将面饼折叠。

11. 擀开。

12. 再次折叠。

13. 再次擀开。

14. 将面饼卷起。

15. 切成均匀的剂子。切口朝上，按扁，擀皮。

16. 面皮上放入玫瑰馅。

17. 包好，收口。

18. 锅中刷油，放入包好的玫瑰饼，小火，烙至两面金黄即可。

厨房小语：

1. 馅料可按自己的喜好搭配。

2. 油最好选用味道较轻的色拉油或玉米油。

15

简约的丰盛

——素宫保鸡丁

母亲偏爱素食。

对于嗜肉的我来说，"素食"二字是不招待见的，吃素菜，那不是一般的寡淡，寡淡得有经书味，让人嘴里淡出个鸟来。

母亲偏爱吃素，并非是为了吃斋念佛。

正如周作人在《吃菜》一文中写道，素食主义，可以分作两类，其中一类是道德的，并不是不吃肉，只是多吃菜，其原因大约是由于崇尚素朴清淡的生活。

母亲喜爱素食，是因为对于生活，已怀了一颗朴素的心，不再关心计较杂事的林林总总，而拾起了那最简单朴素的生活方式。

看过《西游记》的人是否还记得，第一百回中有一个素菜单："烂煮蔓菁，糖浇香芋。蘑菇甜美，海菜清奇。几次添来姜辣笋，数番办上蜜调葵。面筋椿树叶，木耳豆腐皮。石花仙菜，蕨粉干薇。花椒煮莱菔，芥末拌瓜丝。"可谓中国素食的出神入化，令人惊叹不已。

素食者处境更是微妙，对肉仍然有着一种渴望，所谓的以素仿荤、以素托荤、素质荤形，对荤食模仿得愈来愈像，最经典的、最不可思议的一句话即是："你尝尝看，这跟真的肉一样味道。"

菜谱

材料：杏鲍菇 300 克，黄瓜 100 克，熟花
生 100 克。

调料：葱 1 棵，花椒 3 克，干辣椒段 5 克，
料酒 10 克，生抽 15 克，醋 7 克，糖 15 克，
盐 2 克，水淀粉适量。

从古至今，医家都极力推崇饮食清淡，少食用肥甘味厚之物。药王孙思邈在《备急千金翼方》中说："食之不已为人作患，是故食最鲜肴务令简少。""鲜肴务令简少"，即是说一定要少吃荤食。

素食，走出庙堂寺院，一步迈入烟火间，居家素食不再是"斋"，是人们崇尚俭朴素淡的生活选择。

如今，无论是慈悲为怀，还是养生安命，无论是素口还是素心，就是一种选择，简简单单，豆腐、青菜、蘑菇、布衣青衫，已成为了都市人们一种健康、乐活的追求。

母亲至简至清的素食，是喜欢清淡和健康的饮食而已。

做法

1. 杏鲍菇洗净，切丁。

2. 在小碗中调入生抽、糖、醋、盐、料酒，混合均匀制成宫保汁。

3. 黄瓜切丁，葱要切成小段。

4. 锅中放油，烧热后下杏鲍菇炒软，盛出。

5. 将花椒和干辣椒放入，用小火煸炸出香味，随后放入大葱段。

6. 放入杏鲍菇丁和黄瓜丁。

7. 调入料汁。

8. 再放入熟花生米，翻炒均匀。

9. 最后水淀粉1勺勾芡，即可。

厨房小语：

1. 宫保汁是这道菜的灵魂，生抽、醋和糖的比例是 2∶1∶2，依此比例调和，就可以轻松做出好吃的宫保鸡丁了。

2. 杏鲍菇可以换成鸡肉丁。

16

它美得一错再错

——杨梅醪

杨梅醪，可说是我家的一款私房菜。私房菜，是只属于自己的，带着祖传的好。

之前，我从未对它感兴趣，因为它总会在一个季节里出现在我的眼前。那时，母亲总会在杨梅上市的季节做几次杨梅醪。

母亲还泡杨梅酒，也是杨梅季不可错过的，每次喝过，都会带着浅浅的醉意。坐家独醉有无比的诗意，有淡淡的清愁。

杨梅酒带来的薄醉是快乐的，带着秋夜里迷离的味道，也许这些就是母亲的杨梅酒的真滋味儿吧。但它真正的滋味儿到底如何，只有醉入其中的人才能清楚。

母亲做的杨梅醪，却是私房的、小众的。

"私房"两个字，包含了太多的隐秘，它是从一己秘室里开出的小小的私秘的花，绣于自己的心上。

在自家的厨房里，烹饪出存心有味的食物，无需傍上任何菜系，无所谓章法，料理的不仅仅是口腹之欲，也是心灵。

母亲做杨梅醪的方法是，先将糯米浸泡，再将其蒸成干饭；杨梅用盐水洗净浸泡15分钟，再放入沸水中焯烫灭菌，去核捣碎，放入糯米饭中洒上酒曲拌匀，放在30度左右的环境中；若是温度不够，还会给杨梅醪加个热水袋，让其更好地发酵。两三日后开启，一股甘冽的清香芳醇之气会猛然窜入肺腑之内。

菜谱

材料：糯米1000克，甜酒曲6克，杨梅500克，凉开水600克。

母亲还会用杨梅醪做出很多甜品，每次都会在一旁催促着：多喝点，多喝点，这是最养人的东西。

母亲告诉我，糯米是一种温和的滋补品，有补虚、补血、健脾暖胃等作用。这些效果在做成醪糟酒酿以后更加突出。

加了杨梅的醪糟，虽然浓浓的酒味掩映了杨梅的果香，可是，她的身影还是留在了醪糟里，那么粉，那样艳，如梦方醒般的香艳迷离。

当你把一勺杨梅醪送入口中，初入喉，香甜气颇浓，有一种不知归路，误入藕花深处的艳遇，余味悠久。

做法

1. 提前将糯米洗净后浸泡 6 个小时，米粒一捻就碎。

2. 蒸笼垫上屉布，将泡好的糯米捞出放入蒸笼中。

3. 糯米上锅蒸到熟透，大约 30 分钟左右。

4. 杨梅用盐水洗净浸泡 15 分钟。

5. 再放入沸水中焯烫灭菌。

6. 去核捣碎。

7. 将蒸好的糯米在一个无油无水的容器中充分翻匀、摊开，晾到 30 度左右，将捣碎的杨梅加入凉开水，倒入晾凉的糯米饭中。

8. 再拌入酒曲，搅拌均匀。

9. 盖上容器的盖，放在 30 度左右的环境中发酵两三天（夏天直接发酵，冬季可以放在暖气附近），发酵好的醪糟，在表面淋上凉开水后即停止发酵，放入冰箱冷藏，尽快食用。

8

9

厨房小语：

1. 最好用圆糯米，浸泡的时间不宜过长，否则会软烂，做出的杨梅醪糟没有 Q 的口感。

2. 糯米放在铺了屉布的蒸格中蒸熟，软硬程度会比较好掌握，直接浸泡在水中蒸易软烂。

3. 蒸好的糯米要翻匀，晾到内外温度均为 30 度，摸上去有点温，温度过高或者过低做出的醪糟味道不好。

炒香的春风

——炒杂粮野菜

春天里的野菜生发出鲜绿的嫩芽，采一把回家，都是记忆中的美味。

三月韶华胜极，《诗经》里的春天更是鲜嫩无比："彼采艾兮！一日不见，如三岁兮！"

这哪里是对野菜的咏叹，简直是一种思无邪的相思、相恋。无爱的絮絮呓语，却能悄然拨动千古咏读之人的心弦。一句"一日不见，如三岁兮"，浓缩成"一日三秋"，自然是格外美好。

母亲做的炒杂粮野菜，是用一种叫面条菜的野菜做的。面条菜是和荠菜一样的野菜，多生长在黄河中下游地区，特别是河南、山东地区。初春的麦田和田埂地头，都有面条菜的身姿，叶片细长，形似面条。

面条菜的做法，多是凉拌、做馅或粉蒸，而母亲做的炒杂粮野菜，是一种颠覆传统的野菜吃法，在蒸菜的基础上，加上了粗粮和炒的步骤，不但增加了菜的鲜香，更是健康指数的提升。

母亲能把粗粮与野菜吃得如此俏皮，让人唇齿留香，粗茶淡饭中，多了一份春天的悠然与甘甜，把整个春天都端上了桌。

菜谱

材料：面条菜300克，玉米面100克，五花肉100克，青、红椒各1个，鸡蛋1个。

调料：葱、姜各10克，盐2克，生抽15克，蚝油10克。

一盘野菜尤如一季春天，很平常的菜，却在回味之间，将我们带回到了那个远古的田园世界，抚慰被世事折腾过度的灵魂。

想想就心动，如果为了那最干净最单纯的幸福活着，实在是田园悠然，岁月静好。

做法

1. 青、红椒切丝，猪肉切丝。

2. 将面条菜用盐水浸泡，洗净控干水，加入鸡蛋拌匀。

3. 再撒上玉米面拌匀。

4. 蒸锅上汽后将拌好的面条菜摊开放入，大火蒸 4—5 分钟。

5. 锅中倒油，下葱、姜末炒香，下五花肉丝煸熟。

6. 加入青红椒丝炒匀，调入生抽、盐、蚝油。

7. 炒香后加入蒸好的面条菜翻炒均匀即可。

厨房小语：面条菜很好熟，蒸的时间不宜过长，炒的时间也不宜过长。

升华那碗醇香美味

——酱黄瓜

母亲做的酱黄瓜，酱香混着黄瓜本身青草般的香，如山间溪水，九曲十八弯，口感参差细密，爽脆得古怪，若拿来配粥，像极了闺阁中的小姐偶遇上了白面书生，情不知何起，一往情深，风情得难描难画。

母亲她老人家善治两样小菜：酱黄瓜、酱花生米。这两样小菜，可以说是家传三代的秘制酱菜。

爱喝粥么，冬季就要到了，寒冷日子里煮一锅白粥，映着蒸腾的雾气香喷喷地来上一碗。粥的吸引力不仅仅在于粥，还在于那一碟精致又有滋味的小菜，你的胃口是否会因为一碟秘制的酱菜而打开？

清粥小菜淡香怡人，是粥成就了小菜，还是小菜映衬了粥？

曾经看过利利·弗兰克的《东京塔》，以淡雅而又真实感人的笔触，抒发了对母亲的深切追忆，他写道：为了让我早上可以吃到好吃的腌酱菜，妈妈总是定好闹钟半夜起床搅拌米糠。

在淡淡的叙述当中，妈妈的酱菜所代表的，是母亲的牵挂，令很多人重新记起这种已经被人遗忘的食物，甚至借这种食物勾起昔日的回忆。

我一般是不买酱菜的，因为家中有一个做酱菜的方子，是母亲留给我的，也是外婆留给母亲的，可以说，是已沿用三代的方子。

菜谱

材料： 黄瓜 2500 克（5 斤）。

调料： 酱油 1250 克（2.5 斤），盐 250 克，蒜 100 克，姜 100 克，红糖 100 克，花椒油 75 克，鸡精 75 克，白酒 165 克。

（酱菜的量可以按比例增减）

常常做上些酱菜放在冰箱里，也不用多做，吃完后可再做另种菜的酱菜。

回想起那时的每天早上，只要喝碗粥，配上喜欢的小菜，可以只是一个"妙"，这"妙"字的境地还在亲情与思念之先。

4

做法

1. 黄瓜洗净晾干，切成 1 寸左右的条。

2. 放入盐腌 2—3 小时。

3. 蒜、姜切片。

4. 盆中放入酱油、红糖、鸡精、蒜片、姜片、白酒。

5. 将腌好的黄瓜沥去盐水，放入盆中调制好的汁中。

6. 花椒油倒入黄瓜中，腌制 12 小时即可食用。

5

6

厨房小语：

1. 用干净的筷子经常翻动一下，筷子一定要干净，以防带入生水长毛，因为自制的酱菜不放任何防腐剂，这点要特别注意。

2.24 小时后可把酱菜捞出，装入干净的瓶子或保鲜盒中，放入冰箱冷藏。

3. 剩余的汤可反复腌制，也可放入其它菜，但必须是用盐腌过的菜。

4. 花椒油的做法，在锅中倒入花生油，烧热后放入花椒榨一下，冷却后倒入黄瓜中。

19

母亲那碗清火去燥的面
——金汤煨面

面，是最具有城市气质的一种食物，不然怎么会有那么多的面馆散落在城市间，而每个人，又能准确到用一种面，来代言自己这样或那样的心情。

说到面，你是否还会记起苏州作家陆文夫的小说《美食家》？主人公朱自冶总是在天还没有亮的时候，带着虔诚，宛如教徒朝圣一般，去面馆吃"头汤面"。

这面描写得甚是细致入微：宽汤、紧汤、重青、免青、重面轻浇、重浇轻面、过桥，都需要事先关照跑堂。

一碗面的吃法，真是乱花渐欲迷人眼。

苏州面中还有一种煨面。"煨"是一种传统的熬汤方式，源自明朝，来自江西的煨汤，后来在江浙、四川一带流传开来，慢慢演变出加料的煨面。

煨面以汤面为主，汤面最考究的就是一碗汤了，要诀是汤面不油，见清为金。

若问袁枚，吃面条最重要的是啥，袁老爷子定会回答你：宽汤窄面。他在《随园食单》中说：大概做好面，总以汤多为佳，在碗中望不见面为妙。宁使食毕再加，以便引人入胜。

无独有偶，张爱玲曾在她的文章中写她在苏州吃面："我认为'宽汤窄面'最好窄到没有，只剩一点面味，使汤较清而厚。螃蟹

菜谱

材料：仔鸡半只，草菇200克，黄栀子15克，
　　　面条200克，油菜3棵，香葱1棵。
调料：葱1段，姜3片，盐5克，胡椒粉适量。

面的确是美味，但是我也还是吃掉浇头，把汤逼干了就放下筷子，自己也觉得在大陆的情形下还这样暴殄天物，有点造孽。"

如此，一碗面而已。

母亲有一饮食秘诀，那就是金汤煨面，它是用来应对"秋燥"的。秋季因为天气的原因，人们大多肝火旺，易发脾气，这就是人们常说的"搂不住火"，中医称之"秋燥"。

每到这个季节，母亲常常会做清火去燥的金汤煨面。煨面的鲜汤是用砂锅以老母鸡、猪排骨、猪棒子骨、蟮骨等，以文火煨成。

母亲就是用桅子加鸡或猪骨煮汤，做成一碗清火的煨面，清除胃肠的郁热，起到去除暑热心烦，养心安神的作用，让我们平静地度过这多事之秋。

桅子就是桅子花的果实，清热泻火、养心安神，既能够食用，又可入药，可用来解暑热，去烦躁。

母亲做的金汤煨面，面与汤融合为一，

荤荤素素、鲜甜咸香尽收其中，汤，鲜醇清爽；面，筋道，不结不粘，很有饱足感，趁热吃香气更浓。

一口汤，一口面，吃得风生水起，顿时充满鲜香暖滋味。

做法

1. 鸡块洗净，冷水下锅焯过。
2. 砂锅中放入焯过水的鸡块、葱、姜，倒入适量清水，放入草菇。
3. 黄桅子洗净放入锅中。
4. 大火烧开，小火煲 2 小时左右，调入盐，再煲 15 分钟即可。
5. 另取一锅水，待水煮滚后，放入面条汆烫约 1 分钟，捞起沥干备用。
6. 砂锅中，放入汆烫过的面条。
7. 再放入油菜、胡椒粉，一起煮至软后，即可盛碗，再撒上香葱末即可。

厨房小语：面中的蔬菜，可根据自己的口味和季节搭配。

20

品粗食，尝旧时光

——虾酱鸭丁窝窝

窝窝头，总觉得是老天爷用食物跟人们开了一个玩笑。

缺少米面不得已而食的粗粮，是脑海中无法抹掉的记忆。那些年月，餐餐离不开的就是这些粗粮，那是一个无法隐蔽的世俗的艰虞，是为生存做出的非分之作，没有什么可赏心乐事的。

记忆中的窝头，都是出自母亲的手，一个个黄色的窝头在母亲的料理之下，从锅里露出头来，热气氤氲。没有多少香味，单纯质朴得好似个柴禾妞。

那时吃窝头，总嫌其难吃而要吃馒头，真希望母亲是个神仙，施展出惊人的法术，把我手中的玉米窝头变成白面馒头。

如今，窝头却像是转世轮回，以优雅的身姿登上了各大酒店的台面，与那些出身名门的蟹黄小笼包、水晶虾包、三鲜灌汤包等美味，一起混迹江湖，令人气结。

在食不厌精，脍不厌细的饮食风尚之下，都市人的一日三餐越吃越精细。餐桌上每天都不缺少鸡鸭鱼肉，随之而来的不健康的饮食习惯也渐渐滋长，使得各种"富贵病"长驱直入。于是，人们又重新认识到了粗粮健康的一面，让它成了餐桌上的"新宠"。

咱老祖宗早就撂下过一句话：五谷宜为养。也就是说，五谷才是营养全面的。

菜谱　杂粮窝窝
材料：面粉 300 克，玉米面 50 克，豆渣 50
克，酵母 4 克。

窝头的口感很难满足如今挑剔的人们，可在玉米面中加些面粉、豆渣以增加口感，蒸时注意火候，火大了面皮会裂开，就有些走味了。

虾酱鸭丁窝窝，是母亲粗粮细作的一款主食，一改传统窝窝头生硬、干涩的口味，反而有种糯糯的、淡淡的甜滋味，很劲道，有嚼头，口感刚刚好，搭配上微辣鲜香的虾酱炒鸭丁，更是美味、营养兼顾。

做法

1. 面粉、玉米面、豆渣，加酵母2克，用温水和成面团。

2. 将面团放置温暖处，发酵至两倍大。

3. 取一小块面团揉成窝头状，注意将窝头底部的孔留得稍大些。

4. 放入蒸锅中，用大火蒸15分钟备用。

菜谱　虾酱鸭丁

材料：虾酱 30 克，鸭脯肉 300 克，青椒 1 个，
　　　红椒 1 个，香葱 2 根，干辣椒碎 5 克。
调料：料酒 10 克，白胡椒粉适量。

1

做法

1. 鸭脯肉、青红椒、香葱洗净，分别切丁。

2. 锅中放少许油，然后放入鸭肉末煸炒，使
   鸭肉中的油脂浸出，烹入料酒。

3. 再放入虾酱、干辣椒碎炒香。

4. 放入青红椒和香葱，翻炒均匀，调入白胡
   椒粉即可出锅。

2

3

厨房小语：

　　1. 虾酱含盐分大，很咸，
不用再放盐了。

　　2. 也可在超市买冷冻的杂
粮窝窝，回来加热后直接食用。

4

Part 2

妈妈味道：百味在心头

　　回忆这东西若是有气味的话，那就如鸦片香。想起母亲那些温暖的味道，整个人心思微微慵懒，痴痴地堕落在那香甜里。不知不觉，随着季节流转，自会重温一道菜，寻那些九转回肠的味道来，恍然间方知道，原来我是多么想念那百味在心头的妈妈味道。

01

寻常人家深藏的快意

——笋干红烧肉

总觉得，吃货相遇，那就是鲜花着锦，分外的热烈。

那日，为了一碗红烧肉，与几个朋友驱车百公里，去了一个朋友的老家吃了一顿饭。

都说"十里地赶张嘴，不如在家喝凉水"。当我跟着他们上了高速，才猛然有了一种上了"贼车"的感觉。

下了高速，拐进了一条乡间小路，来到朋友的老家。院子的大门外，有一只鸡趴在草窝里，身边有几只小鸡崽，活泼地觅着食物，一行人从这只鸡的身边经过，它居然趴在那里没有动窝，仰着头目送这些人鱼贯而入，进了院子。

我对朋友说："你家的鸡怎么不怕人啊，真够淡定的。"

朋友说："我家的鸡阅人无数，是见过世面的。"

院子里，朋友的母亲坐在一个小板凳上，静静地守着一个小煤炉，慢慢翻炒着锅里的红烧肉，再放进一些干菜。干菜是专门晾晒的笋干，一脸的皱折，一脸的旧光阴，泡开后，放到肉里面。

朋友说，如今什么美食没有吃过，唯独对母亲的那碗红烧肉难以忘怀。

她的母亲告诉我，做红烧肉要炭火慢慢炖，常言道，大火煮粥，文火炖肉。那就是著名美食家苏东坡老先生说的：少着水，慢着火。

菜谱

材料：带皮五花肉 650 克，笋干 300 克。

调料：葱 1 段，姜 3 片，八角 1 个，草果 1
个，香叶 1 片，小茴香 2 克，花椒 3 克，
油 10 克，冰糖 10 克，黄酒 15 克，盐 5 克，
生抽 15 克，老抽 10 克。

做好红烧肉的窍门是一浸泡，二焯水，三烧制，四收汁。红烧肉的颜色是个关键活，浅了，肉的颜色发白；深了，黑乌乌的难以下箸，红亮的颜色，才是色味俱全，才会勾起人的食欲。

香料不宜过多，葱、姜、几粒八角和两片香叶足矣，不可让浓郁的香料味道压住五花肉原本的鲜香。

肉炖一个小时，香气在整个院子里弥漫，每个人的"肉欲"得到了足够的酝酿。那红烧肉的浓香，混合着米饭的香，温暖，一下子冲进我的心里。

忽然间，自己心底那些细碎的情感被唤醒，让一颗蒙尘的心湿润起来。我终于明白，这道家乡风味的红烧肉，蕴含的是一缕乡愁和对母亲的眷恋。

朋友说，每次离开家，母亲都会说一句，想吃红烧肉了就回来。一句话，却有着太多太多的不舍。

其实，什么样的红烧肉最好吃，每个人的心中自有答案，这样的红烧肉大多都是在过往的记忆里，这种滋味也只有在心底独自咂摸，有多么醇厚，就有多么深情。

做法

1. 五花肉洗净切块。

2. 五花肉冷水下锅，加一勺黄酒、几粒花椒，焯水。

3. 笋干浸泡 12 小时，切块。

4. 热锅冷油，放冰糖炒化，倒入焯好的五花肉。

5. 小火煸炒至五花肉上色，调入黄酒、盐、生抽、老抽。

6. 转移至砂锅中，加开水，没过五花肉，放入葱、姜，调料放入调料盒中，放入锅中。

7. 再放入泡好的笋干。

8. 大火烧开，转小火盖上盖子慢炖 1 小时左右，转大火收汁即可。

厨房小语：

1. 不会炒糖色，可用少许番茄酱代替，不但颜色漂亮，而且番茄酱中的酸会分解五花肉的油腻。

2. 糖与肉的比例，500 克肉放 8—10 克冰糖，属于中等红色。加一勺老抽，属于大红色。

"留心"的饺子
——杏鲍菇水饺

年三十的任务，就是包饺子、吃饺子。我家年三十晚上的饺子都是包素馅的，据说寓意深远，能让这一年素素静静，这种世俗的热闹至今犹觉如新。

除夕夜里，窗外银雪落无声，房间轩畅光亮暖人。一家人的热热闹闹，便是剁馅的剁馅，和面的和面，有的擀面皮，有的包饺子，把所有的亲情、思念与祝福，都包进那薄薄的饺子皮里。

母亲对年三十包的饺子有特别的讲究，就连摆放也有定规。放饺子要用圆形的盖帘，饺子要先在中间摆放，一圈一圈地向外逐层摆放整齐，不可乱放。俗话说："千忙万忙，不让饺子乱行。"

母亲告诉我，这叫"圈福"。

这顿饺子要在夜里 12 点吃。虽说半夜里没有什么食欲，但是煮了，谁也会吃几个，没有谁愿意跟美好的寓意较劲。

每到此刻，母亲都是自己动手煮饺子，不让别人动手的，原来煮饺子时，要把盖帘中间的那几个饺子留下，俗称"留心"。

那是给出嫁的闺女留的。留的这些饺子，就是要等到初二这天闺女来家时，给闺女吃的。

我每次年初二回娘家时，进门先吃到的就是母亲留给我的这几个饺子。

虽然现在已是常来常往了，可这样的习俗还一直保留着。

菜谱

材料：杏鲍菇 400 克，胡萝卜 1 根，泡发木耳 100 克，面粉 400 克。

调料：葱 10 克，姜 10 克，盐 4 克，生抽 10 克，鸡精、油、香油适量。

每年初二，回家的我，都会吃上母亲留给我的素馅饺子。素食对于我这样的食肉者来说，从来都觉得味道是如此的寡淡，有一点世仇的感觉。可此时此刻，我却总觉得母亲包的素馅饺子，是天下最好吃的美味。

母亲做的杏鲍菇水饺，是一道纯素馅的水饺，最让我回味。

杏鲍菇水饺，用的馅料是杏鲍菇、胡萝卜、木耳等新鲜食材，是一款清新爽口、营养丰富的素馅水饺，轻轻咬开来，杏鲍菇那种菌菇特有的清香味四溢，嚼到嘴里有一股清新雅致的香气回荡，很香，很干净的香，在饺子里头缠绵着，欲罢不能地撩人。

出嫁的女儿成了客，都说女大不中留，留不住女儿的人，大概母亲总希望留住女儿的心，念着家里的好。

做法

1. 杏鲍菇洗净切碎，放入碗中。

2. 胡萝卜、葱、姜切末放入碗中。

3. 木耳切碎放入碗中。

4. 将馅料中加入盐、生抽、鸡精、油、香油搅拌均匀。

5. 面粉和成面团，醒15分钟。

6. 将面团下剂，擀成饺子皮，饺子皮中放入适量的馅儿。

7. 捏成饺子。

8. 锅中倒水大火烧开，下入包好的饺子煮熟即可。

厨房小语：素馅的搭配可根据自己的口味选择。

03

丈母娘征服上门新姑爷
的一道菜
——花雕蒸醉蟹

母亲有一道拿手菜，是用花雕酒做成的花雕蒸醉蟹，在我家，历来被称为"丈母娘征服上门新姑爷的一道菜"。

曾经随父母在南方生活了近二十年，记忆中，乌篷船与小桥流水、花雕酒与茴香豆，依然清晰可见。

由于在南方的生活经历，母亲不知从何时起爱上了花雕酒，她可以用花雕酒做出很多种菜肴来，比如花雕鸡、花雕鱼等。

翻开清代的《浪迹续谈》，便有"最佳著名女儿酒，相传富家养女，初弥月，开酿数坛，直至此女出门，即以此酒陪嫁。其坛常以彩绘，名曰花雕"的记载。

一个个酒坛子，造型各异，或古朴典雅，或富丽堂皇，或玲珑剔透，酒坛上的绘画更是色泽富丽，内容丰富，从民间故事、神话传说到世间风俗人情，都可绘制其上。

因为长时间的存贮，花雕酒酒性如女儿般柔和，酒色如琥珀，那么清澈，纯净可爱，馥郁芳香，而且往往随着时间的久远而更为浓烈。

花雕酒春夏可冰镇着喝，秋冬可暖烫后饮用，而且小酌几杯，雅趣得只配一小碟茴香豆即可。

除了佐菜饮用之外，不少名菜都是用花雕酒烹制的。

母亲说，吃蟹最好饮一杯花雕酒，蟹性凉，花雕酒暖胃，这是最佳的搭配。

菜谱

材料：大闸蟹 5 只。

调料：葱 1 段，姜 1 块，花雕酒 50 克，淡
　　　口酱油 15 克，香醋 10 克。

那是结婚后，我与老公"回门"的日子，这一天的新女婿被尊为"贵客"，母亲便端出她的拿手好菜：花雕蒸醉蟹。这道菜的独到之处，是螃蟹先加了花雕酒腌过，便有了一种浓郁的花雕酒香味。

酒味芳香的花雕蒸醉蟹，是一道口感平衡、鲜美可口的蟹肴，其蟹香与花雕酒相互渗透，味浓而不过，恰到好处地融合在其中，那种先浓郁后清香的口感，略有一丝丝的甜味，味美妙不可言，的确是件赏心乐事。

老公吃着螃蟹，淡淡的花雕酒香诱惑着味蕾，转而细嚼，在花雕酒的衬托下，蟹肉更显鲜嫩，咸鲜爽口，一点不腥，惊喜的感觉回味无穷。

花雕蒸醉蟹，对于在北方长大的老公来说，是一个惊艳，从此，念念不忘。

做法

1. 大闸蟹加花雕酒、姜片腌 20 分钟。

2. 锅中倒入清水，放入葱段、姜片。

3. 将大闸蟹翻过身来，放入锅中，蒸熟。

4. 切适量姜末放入小碗中。

5. 调入淡口酱油和香醋，调成料汁，与大闸蟹一起上桌即可。

厨房小语：蒸蟹时，将大闸蟹翻过身来蒸，这样蟹黄不易外流。

04

借一碗汤饮，慢慢老去
——益母草玫瑰饮

益母草，一听这个名字，就知道它是专为女人而生的，带有一种母性，温馨、感人地而生长在世间，是做母亲的保健之物。

益母草的作用很多，内服能补气养血，外敷能美容养颜。是历代医家用来治疗妇科疾病之要药，为治疗妇科病首选之品。

历史上最擅用益母草的人是武则天，《新唐书》有记载说"太后虽春秋高，善自涂泽，虽左右不悟其衰"。传说武则天高龄时依然色如少妇，就是用的益母草驻颜。

在南方时，母亲常用益母草的鲜苗做菜来吃，煲汤或清炒均可，清甜爽口，既养生又保健。

从古至今，不管是皇室贵族，还是民间百姓，很多女人都懂得益母草的妙用，也会用益母草养生。记得自己初来月经时，母亲总是爱做益母草煮蛋给我吃，益母草煮鸡蛋是一种很好的治疗痛经的方法。

小女子最烦青春痘，都知道只要青春不要痘，于是听说什么有效就去买，有的也许赶上了正好有效，也可能越抹越出斑点、出色块，甚至是皮肤过敏。

在我长痘痘的时候，母亲对我的饮食十分用心，主食、蔬菜、肉类合理搭配，还有就是每天中午会煲一锅汤来喝。

菜谱

材料：雪梨1个，玫瑰花5克，益母草5克。

调料：冰糖适量。

母亲做的益母草汤，还有在黄瓜汁内加入益母草粉末和蜂蜜做成的面膜，让我的皮肤没有痘痘，也没有痘痕。说起皮肤好来，就让人嫉妒。

益母草雪梨饮，除了具有温经活血的功效之外，还不会上火，加了几朵玫瑰花，更是有了美容养颜的效果。

回过头来想想，才明白母亲煲的那一碗碗甜甜的、浓浓的汤，是多么的功不可没。不过，那让人惦记着给补一补润一润，更是一种莫大的幸福，因此，在我心里的那碗汤，也成了记忆和生活的一种期盼。

做法

1. 锅中加水，益母草放入茶包中，与玫瑰花一起放入锅中。

2. 雪梨去皮，切块。

3. 益母草与玫瑰花煮10分钟后，捞出。

4. 再放入雪梨块，煮熟即可关火。

5. 调入冰糖即可饮用。

厨房小语：冰糖也可用蜂蜜代替。

05

母亲最爱吃的菜是剩菜

——卤味葱油鸡

那年的冬天，无雪，干冷干冷的。

母亲突然心脏病发作，住进了医院。看着母亲虚弱而憔悴的面容，才发现，原来，我的母亲已经老了。

母亲的病情好转一点时，有力气说话，也可以吃下饭了。于是我守着母亲，一口一口地喂她吃饭。其实，我知道，自己做不了什么像样的饭菜，只是熬些小米粥。母亲虽只是吃上几口，但她总是认真地吃着，还反复地说，好吃、有滋味。

那日，弟妹都在，我说："咱妈能吃下饭了，做些有营养的、咱妈爱吃的菜吧。"

小妹说："咱妈爱吃什么菜？"

小弟也追问："是啊，咱妈爱吃什么啊？"

"妈最爱吃的是……"想了半天，我也想不起母亲爱吃什么菜。

忽然，我的心头一阵酸楚，说："咱妈爱吃剩菜。"

我的话，来得也许有点突然，让小妹、小弟为之一震，刹那间，面色变得凝重了许多，他们肯定是想起了些什么吧？

从小，母亲做的都是我们爱吃的菜，如今做的是她的宝贝孙子最爱吃的菜。

菜谱

材料：土鸡1只。

调料：大料2个，白芷3片，丁香5粒，砂仁5粒，香叶2片，桂皮1块，花椒3克，肉蔻1个，茴香3克，姜1小块，葱1段，盐15克，酱油3勺，糖5克。

小妹说，你们还记得咱妈做的卤味葱油鸡吗？是我们都爱吃的一道菜。

那时，做这道菜时是先把鸡放进大锅里炖，一个用红砖砌成的灶台，锅是陷在灶堂里的大铁锅，直径得有1米多。

将暮未暮时分，袅袅炊烟与浓郁的青草味混合在半空中飘散。

那个让人等待的过程，既漫长又焦燥。

母亲一如既往地给我们夹着鸡肉，看着我们三人舔着小手吃着，十分安祥。

可母亲吃的，总是我们吃剩下的一些鸡骨架。"妈，你怎么只吃鸡骨头啊？"

妈妈浅浅一笑："妈妈最爱啃骨头了。"

如今，吃葱油卤鸡已是再平常不过的事情了，做这道菜时，也用上了电压力锅，并且加入了更多的香料，卤出的鸡色泽金黄悦目，细嫩芳香，肉质中有一种独特的葱油清香，风味别具。

长大了，令人想起如梦往事，如残照里的风景。我低下头去，抚摸着母亲那苍老的青筋外露的手，心里充满了深深的谦意。

5

做法

1. 土鸡洗净放入砂锅中，加入适量清水，调料放入调料盒中，与葱、姜一起放入锅中。
2. 放入酱油、糖、盐。
3. 大火烧开。
4. 转小火，卤至软烂。
5. 将鸡捞入盘中，放上葱丝。
6. 锅中放入适量油，烧热后，淋到鸡上，葱油的香味一下子就出来了。

6

06

时光，重叠在一碗汤上

——瓦罐鸡汤

时光，重叠在一碗汤上。

母亲正在灶前忙碌，白蒙蒙的炊烟袅到庭前，自成一阵暖雾，她的身影也轻摇在薄雾里，

在一个一个平凡的冬日，她的孩子受了点风寒，做母亲的她，便买了鸡回来。她深信民间流行的偏方，鸡汤能治感冒。因为做了母亲，即意味着生活中流传的小偏方，也会成为信仰的一部分。

什么香？肉香竟然也可以如此飘逸清鲜。是从温暖的小厨房的砂锅里逃出来的。是清新派的。仔细闻闻，还加了姜，是一种辛暖的气味。

"热热地喝，很好喝，香着呢！"

病是怎么好的？想必跟那碗鸡汤有关，想必，那碗汤是神奇吧。传说专治风寒的鸡汤，居然成为母亲信仰的一部分，在不曾验证之下，治好了她的孩子那点小小的风寒。

母亲炖鸡汤时，都是用一个瓦罐。瓦缸煨汤是流行于南方民间的一种风味烹饪法，至今已流传一千多年。

在唐《煨汤记》中记载："瓦罐香沸，四方飘逸；一罐煨汤，天下奇鲜。"瓦罐由陶土制成，秉土质陶器阴阳之性，内有很多细孔，用来煮食材，久煨而不沸，同时保持锅内食物的热度，使原料的鲜味及营养成分充分溶解于汤中。

菜谱

材料：土鸡半只，滑子菇 40 克，干木耳 10 克，虫草花 10 克。

调料：香葱 2 根，姜 3 片，料酒 10 克，盐 5 克。

母亲煲汤时用最新鲜的柴鸡，并将整鸡剁成块，让鸡骨头里的营养充分溶解到汤里。鸡肉放入瓦罐中，搁在炭火的红泥小炉上，蓝焰闪烁，大火炖开后，细细的红火慢煨。

母亲总是一点点地撇去浮沫与油脂，加少许料酒、姜、葱，从不放花椒、大料、茴香等味道厚重的调料。味重的调料会把鸡的鲜味驱走或掩盖掉，鸡汤之美妙，不在于调料，在于对鸡本身鲜味的悠长提炼。然后小火煲，炖至烂熟，加盐。

母亲在选择鸡时，是活鸡宰杀，放置几个小时后再炖汤，让肉从"僵直期"过渡"腐败期"到"成熟期"，这时的肉质最好，再来炖汤做菜很是香嫩。

喝过母亲煮的那碗鸡汤，怎么也忘不掉那味道，今天，依然会记得姜的切法、汤的热度，以及是不是带着甜味。

寒冷冬日的早上，外面飘着小雪。我忽然很想喝一碗热腾腾的汤，鼻息之间有馨香弥散，感觉特别香暖，心不再灰。

做法

1. 滑子菇、木耳、虫草花洗净，泡开。

2. 鸡洗净，斩块。

3. 锅中放入油，热后下鸡块，翻炒至白。

4. 放入清水、香葱、姜片、料酒。

5. 转移至瓦罐中，放入虫草花。

6. 再放入滑子菇、木耳。

7. 大火烧开，转小火，煲 1 小时左右，调入
   盐再煲 10 分钟即可出锅。

厨房小语：盐要最后再放，否则鸡肉的口感
会变柴。

07

一缕不动声色的清香

——竹叶荞麦粥

小时候，一到夏天，母亲就会采些竹叶煮粥或煮茶。

锅中的水烧开了，丢下数片竹叶，煎一小会儿，水就变了颜色。成了一锅清香、碧绿的竹叶茶，那透明的翡翠般的绿色逼人，给自己的心境一抹清冽的凉爽。

竹叶是中医一味传统的清热解毒药，竹叶茶有着典型的竹叶清香，清爽怡人，微苦、微甜。喝上一口，甘甜中透着清凉，竹叶的清香在口中，是淡淡的，无可，也无不可。

母亲喜欢煮各种粥，煮粥的原料，随着季节的变化在变，那春天嫩嫩的荠菜、夏季池塘里的莲藕、秋季刚收获的绿豆、冬季温润亲切的小米，就这么追着春夏秋冬的步子。

夏日里母亲煮粥时，将米小心地倒入锅中，再放进竹叶，先用大火煮沸，改文火慢熬，熬粥是需要心情的，急不得，躁不得，粗糙不得。

锅里的米粒随着水花，一圈圈在涟漪之间荡开。边煮边用勺子缓缓搅动，这时粥汤会一点一点浓稠起来，米香也会一点一点渗透出来，房间里会被淡淡的竹叶香气充斥。一口灶，就这样把清晨煮成了香气弥漫的粥，清洗了残梦。

端上桌的竹叶粥，微黄淡绿，浓稠生香，低眉之间，天然的味道，有一种孤芳自赏的香，如竹，枝节丛生，叶叶心心又都关情。

菜谱

材料：大米 80 克，荞麦 30 克，绿豆 30 克，竹叶青 3 克。

轻品浅啜，香稠的茶叶粥绵软细腻地滑入喉咙中，似乎很淡，没有邀宠，没有芬芳斗艳，既而一缕太和之气弥沦于唇齿之间，带着不动声色的清澈，席卷了你。

有一次，返程时，我特意嘱咐母亲："给我带上一包竹叶，当我想您的时候，就熬粥喝。"母亲笑了，给我带了足足一大包竹叶。

闲暇时，我特意取一些竹叶，熬一锅像母亲那样带着日晒之气的竹叶粥。可是，怎么就没有那种弥漫房间的香气呢？

我怎么煮不出母亲那样的粥？

我慢慢地放下勺子，那粥，没有弥散的粥香，总觉得索然无味。

刹那间，明白了，是因为没有母亲那暖暖的爱意，没有母亲那慈爱的特定的情绪与气息。

3

做法

1. 大米、荞麦、绿豆洗净，竹叶青洗净。

2. 茶放入茶包中。

3. 将大米、荞麦、绿豆放入锅中，放入茶包。

4. 大火煮开。

5. 小火煮至绿豆软烂，捞出茶包即可食用。

4

5

厨房小语：

1. 煮粥时容易糊锅，要随时搅拌。

2. 也可用电压力锅来煮。

08

一身清白滋味足

——秋葵拌豆腐

母亲一直都是自己磨豆浆做豆腐。

家里有一个小石磨，那是母亲在一次出差时带回来的。几十斤重的石磨，她居然给背了回来，从那以后，我家就吃上了自己磨的豆浆和豆腐。

如今，家里有了各种豆浆机，可母亲还是喜欢用这多年的小石磨，还是端着一簸箕黄豆，坐在灯下精心地挑拣着，灯光辉映着满头的银发。

我最欢喜的是母亲用石磨磨出的豆浆，那种"旋乾磨上流琼液，煮月当中滚雪花"的感觉，让人喜悦，而且做出的豆浆远比豆浆机做出的香甜。

母亲说：豆腐，一身清白滋味长，与各种菜肴的搭配是最合群、最随性的。

清代袁枚在《随园食单》的杂素菜单中，收录了九种豆腐的做法，说什么美味都可以入到豆腐里，可见，他对豆腐情有独钟。

大作家周作人先生也对豆腐偏爱有加："中国人民爱吃的小菜，一半是白菜萝卜，一半是豆腐制品……"又说："豆腐、油豆腐、豆腐干、豆腐皮、豆腐渣，此外还有豆腐浆和豆面包，做起菜来各具风味，并不单调，如用豆腐店的出品做成十碗菜，一定是比沙锅居的全猪席要好得多的。"

菜谱

材料：嫩豆腐1块，红秋葵4个，青椒1个，香菜1棵，小米椒2个。

调料：盐2克，淡口酱油15克，苹果醋10克，香油适量。

　　一块豆腐就几十种吃法，真是功夫大了去了。

　　豆腐，不但天然健康，还简单易做，是我们常吃的家常菜。豆腐做菜，口味可浓可淡，那种先清香后浓郁的口感，时时萦绕在心里，有种说不出的味道，会不知不觉受到吸引。

　　秋葵拌豆腐，用翠绿鲜嫩的秋葵来搭配一整块绢豆腐，清爽的口感，春天的味道，特别喜欢这清新的口味，怎么做都好吃。

　　对着白净温柔的豆腐，一番粉妆，这干戈不算大，一落口，软绵的豆腐与秋葵的清香交织，才发现，秋葵口感很别致，这么滑润的外表下，还藏着豆腐这么温柔撩人的妖媚可人儿。

4

5

做法

1. 豆腐放入蒸锅中，蒸 10 分钟。

2. 红秋葵放入锅中，焯熟，红秋葵焯水后会变绿。

3. 秋葵、香菜切段，青椒、小米椒切碎。

4. 小碗中调入淡口酱油、苹果醋、香油、盐，调成料汁。

5. 将秋葵、香菜段，青椒、小米椒碎放在豆腐上。

6. 调入料汁即可。

6

厨房小语：料汁可依据自己的口味调制。

09

上言加餐饭，下言长相忆

——酸豇豆蒸排骨

去年黄金周休假，回了老家，一进门，看到父母正在择洗豇豆，准备做泡豇豆。

豇豆，是那种菜市场买来的，母亲一条条地掐去两头，然后再一条条地腌制。其实这种泡豇豆，超市里有好多卖的，可他们还是很认真地做着。

母亲的泡豇豆，于我更多的是时间的印记，此时的一见如故，却又多了几分新鲜的感触。

每次回家的时候，便愈发地感觉父母老了，发现他们的白发又多了，看着父母一天天苍老的身影，才发现岁月的流逝果然是无法挽留的。我知道，那都是对儿女的思念。

尽管现在泡豇豆随处可见，很容易买到，父母却一直都在做，只因为我喜欢吃。很喜欢母亲做的泡豇豆，那酸酸的味道，好像藏着不一样的感觉。

用来泡的豇豆，要长得细长紧实，没有饱满的豆子鼓起的痕迹，捏起来比较硬，颜色也比较深一点，粗细一致，这样的豇豆泡出来口感很脆。母亲很认真地一根根挑选着。

我在房间看书做事，只听见他俩的家常言语，有一搭没一搭的，飘散在空中。我悄悄倚在窗口窥着，看着那纤长的豇豆静静地排在盘中，而气质还是那样静好，好像多年不见的老朋友。

菜谱
材料：排骨 500 克，酸豇豆 200 克。
调料：葱 1 段，姜 3 片，盐 2 克，油 10 克，蚝油 10 克，生抽 15 克，糖 5 克，豆豉酱 10 克。

临走时，母亲给我带上一包腌好的泡豇豆，告诉我，等到天热了用它蒸排骨吃。天热时，人的脾胃都会欠佳，要选择清凉或清淡的食物，夏天吃排骨，就要有适合夏天的吃法。

酸豇豆与排骨一起蒸，做法很简单，没有油烟，少了烟熏火烤的烦恼，还保持了菜肴的原形、原汁、原味，能在很大程度上保存菜的各种营养素。

成家后，离父母又远，跟父母这样聚在一起的时间很少。父母的要求并不高，只希望做儿女的抽空陪他们吃顿饭，陪他们聊聊天。岁月无情，这样的机会越来越少，以后该多抽出时间陪陪父母。

上言加餐饭，下言长相忆……

4

5

6

做法

1. 排骨洗净，加葱、姜、盐、油、蚝油、生抽、糖、豆豉酱，腌制30分钟。

2. 酸豇豆加温水浸泡30分钟，去掉酸涩味，切0.5厘米的段。

3. 取一蒸碗，底部铺一层酸豇豆。

4. 放入腌过的排骨。

5. 在排骨上面再撒一层酸豇豆。

6. 将蒸碗放入锅中，蒸40分钟即可。

厨房小语：也可用电压力锅蒸，省时省力。有的电压力锅不带蒸架，可以在锅中放一只耐热的盘子，然后再放上要蒸的菜就可以了。

10

暖老温贫的瓜香

——酿南瓜

安平从千里之外的省城驱车直奔自己的老家，那个黄河岸边的山村。

母亲正在屋檐下喂鸡，一把玉米撒出去，鸡公鸡婆们争先恐后地跑到屋檐下的台阶前，细心地啄，那个样子，非常像小时候她变糖果给自己吃。

"大哥，你说咱妈病重，这不好好的吗，怎么回事啊？"安平奔进屋里就嚷。

大哥安莘拿出给母亲做的体检报告和CT片，对安平说："初步结论是肝癌，把你叫回来，是想带咱妈去省城做进一步的诊断。"

肝癌？安平听后倒吸一口凉气。

手术后，安平一直守在母亲的病床前，默默地看着母亲低头吃着南瓜汤，这是母亲最爱吃的饭食，吃得很温暖的样子。

安平说："小时候，你总是最后一个吃饭，小妹还问，妈妈，你怎么只吃菜汤拌饭？"

母亲说："那是饭桌上仅剩的能吃的东西。"

"可你还说，这样吃比较香。"

"不然还能怎样？总不能啃盘子吧？"

安平记得，在那个饥荒的年代，家里的生活更是清苦，他们兄妹个个都面黄肌瘦。红薯和苞谷是充饥的家常饭，母亲只好翻着花样做各种饭菜，尽量让孩子们吃得好些。

菜谱

材料：小金瓜2个，猪肉馅200克，豆腐100克，香菇4个。

调料：蒜5克，姜5克，料酒10克，盐2克，生抽15克，糖2克，香油3克。

母亲每年都要把房前屋后的空地种上南瓜，南瓜是一种营养丰富又多产的瓜菜，不论是蒸还是煮，都可以既当主食又作菜肴。

在回家的路上，安平走过街的转角处，那里有一间烟熏火燎的馒头铺子，里面卖一种南瓜蒸糕，热气腾腾的瓜气，升腾着一片雾白，就着枫叶的余辉，顷刻间泼满了一街的瓜香，予人的感觉是一种"暖老温贫"。

儿时的记忆，使安平对南瓜有一种莫名的情愫，而最钟情的莫过于母亲亲手制成的那道酿南瓜。

酿南瓜是一种地道的酿菜。酿菜是在一种原料中夹进、塞进、涂上、包进另一种或几种其他原料，然后加热成菜。一菜可品两种原料的味道。酿菜做法，民间素来处处有之，各地酿菜风味皆具特色，几乎无菜不可酿、无菜不可入酿。

那悠然的南瓜香气，仿佛从老屋的灶间飘出来了。

4

做法

1. 肉馅加蒜、姜、料酒、盐、酱油、糖、香
   油拌匀。

2. 香菇切末放入肉馅中。

3. 豆腐捣成泥放入肉馅中，拌匀。

4. 金瓜洗净，上面切去三分之一，去除内瓤。

5. 将调好的肉馅装入金瓜中。

6. 入蒸锅，蒸约15—20分钟，即可。

5

6

厨房小语：蒸制的时间依据金瓜的大小与肉
馅的多少来调整。

11

过年时娘给闺女专门做的
一种食物
——枣花糕

每年进了腊月门，心里就开始甜蜜起来。腊月廿三过了小年，家家都蒸很多的馒头、花卷和枣饽饽、枣花糕。平时普普通通的馒头也多了几分花样。枣花糕，雪白的面团上配着红红的枣，色泽靓丽，模样可爱，非常讨喜。

做枣花糕，是我的家乡的一个风俗。是过年时娘给出嫁的闺女专门做的一种食物，也就是闺女初二回娘家时，给闺女带回家的礼物。

每年做有图案的枣花糕，是最热闹的事情，此时家里"百业俱废"，独飘枣香，我总是按捺不住喜悦而参与其中，母亲总说："别捣乱，一边待着去。"

做枣花糕，是一种手工活，性子急了不行。首先要发"面引子"，面引子就是上次做馒头时留下的一块面团，加水泡开，调着面糊放在适宜温度的地方，等着"面引子""开了"。母亲所说的这个"开了"，就是"面引子"发酵好了。再选上好白面，和成面团。面团要硬，面软了蒸出的枣花糕容易变型。

面发好了，放在案板上开始揉面，揉的时间越长越好，蒸出的枣花糕才白嫩细腻。

枣花糕形状繁多，以面作圆底盘，卷条边缘为纹，铺一层红枣，上面再加上一层比第一层略小的带花边的面盘，可在上面做上福、寿、禄各种不同寓意的吉祥饰物。

菜谱

材料：面粉500克，老面1团，阿胶蜜枣适量。

调料：碱面2克。

　　母亲每次做枣花糕时，都会说起姥姥，总会念叨："我怎么也到不了你姥姥做枣花糕的水平。"姥姥做的枣花糕，那可是远近闻名。

　　等枣花糕独特浓郁的香味从锅里飘出来，母亲那满布皱纹的脸上，总会绽放出满足的笑。

　　现在能够做出漂亮枣花糕的人越来越少了，我也只是做一些比较简单的。还是很怀念过去母亲给我做的枣花糕，它不只是一种简简单单的吃食，而是母亲对我一生的美好期盼。

　　在传统食品里寄托着传统的愿望，这种美丽的情愫，深深地触动着我的心。

做法

1. 面粉加老面和成面团，盖上保鲜膜，发酵到原面团的两倍大。

2. 把发酵好的面团加 2 克碱面，揉至光滑后，擀成厚饼，切条。

3. 搓成长条。

4. S 形对着卷起来，中间卷上蜜枣。

5. 用筷子在中间夹一下，夹成 4 个圆。

6. 用小刀在 4 个圆卷上各切至圆心。

7. 若是做两层的，可再做一个叠在一起。

8. 枣糕做好后，醒 10 分钟。

9. 上锅蒸 20 分钟即可。

厨房小语：枣可选小枣、大枣、蜜枣等，可以依据自己的喜好选择，放多少也可依据自己的喜好来定。

被盛装忧伤的饺子

——茶香饺子

在老家，有一个风俗：起身的饺子，落身的面。这风俗令我幸福和忧伤。

离家多年，每当回家时，母亲都会为我准备一碗飘着清香、满溢着家的气息的面。当她把面端到我的面前，长途旅行的劳累顿时一扫而光。

此时此刻，总会发自心底地道一声：还是家好。

我喜欢面条，面条里有我长长的思念，总是映出母亲的身影。

当我再次离开家时，母亲总忘不了给我包起身的饺子，这碗饺子，愈发让人忧伤，知道离开家的时刻到了。

我从来都把饺子包得东倒西歪，没模没样的。母亲笑说："什么活都不会做，看以后嫁了人怎么过日子。"

我笑嬉嬉地说："那就不嫁呗，一辈子吃你做的饭。"

母亲看看我，轻轻地笑了，手里的擀面杖又欢快地"咯噔咯噔"地响了。

我常常会想起，母亲包的很特别的茶叶饺子。母亲告诉我，茶叶的营养包括水溶性和脂溶性两部分，后者不溶于水，不管饮用多少次，始终会残留在茶叶中，只有吃茶才能更好地吸收茶叶的营养。

母亲喜欢看各类的养生书籍，知道很多的养生知识，茶味入菜，是她最喜欢的。时而以茶入菜，变换口味，只觉得生活如此的鲜活，

菜谱

材料：面粉 300 克，猪肉馅 300 克，龙井茶 25 克。

调料：姜 1 块，葱 1 段，生抽 15 克，油 10 克，盐 4 克，白糖 5 克，鸡精、香油适量。

真实的生活一定是又清香又淡雅。

一日三餐为什么要凑合？烟火生活才喜悦。

茶叶饺子，以冲泡一两遍后沥干的茶叶做馅，然后配以辅料，薄薄的面皮，里面包裹着逗人的青翠。

当我把茶叶饺子送入口中，轻轻咬开来，淡淡的清香味，透出的是另一种油嫩碧黄的绿意，仿佛刚刚水洗过的春天的模样。

嚼到嘴里有一股清新雅致的香气回荡，很香，很干净的香，而且是欲罢不能地撩人。细细地嚼，慢慢地品，又好像有一种山间早春的日晒风露之气，素淡得让胃口大开。

那份唇齿留香，便是很夺人的样子，永远地留在了你的舌尖上……

做法

1. 面粉加温水和成光滑的面团，盖上保鲜膜，放置一旁，醒 20 分钟。

2. 茶叶用开水泡好，过滤。

3. 把糖、盐、生抽、油、鸡精、香油倒入肉馅中调匀，茶叶切碎，放入肉馅中。

4. 姜、葱末放入肉馅中，搅拌均匀。

5. 把醒好的面团，下剂，擀皮。

6. 包入馅料。

7. 捏成饺子。

8. 锅中加清水，烧开后，下饺子煮熟即可。

厨房小语：入馅的茶叶，以绿茶最好，清新爽口。茶叶不必放太多，如果嫌肉馅太油腻，可适当加点白菜、藕之类的蔬菜。

13

有一种汤，可以给女儿当嫁妆

——陈皮卤牛肉

饮食道上有句行话：卤菜要香，全靠老汤。这老汤，也就是酱卤肉制品风味的灵魂。所以行家评价说：热菜气香，卤味骨香。

家里的老汤已很多年了，母亲留的老汤，连她自己都不记得是什么时候的事了，后来，母亲分给我的一部分，我也用了很多年了。

从始至今，我用它什么都卤过，鸡、鸭、肉等诸多可以卤制的食物，它吸食了那么多的生命之精华，又反哺到卤着的鸡、鸭、肉身上。

母亲告诉我，第二次卤制鸡鸭或排骨时，才是真正开始了这锅汤的"老汤之旅"。将老汤倒入锅中，放入卤制的主料，再加入常用的八角、小茴、桂皮、丁香、花椒、砂仁、豆蔻、草果、香叶、辣椒、芫荽等调料，添适量清水，炖熟主料后，过滤留取汤汁。

如此反复，经过多少次的千滚之水，"城府"最深的浓郁老汤就形成了，从此之后，便可尽情卤制喜欢的食物。卤菜都是这样才能煮出美味来，个中滋味，非旁人所能体味。

母亲曾经说，老汤给闺女当嫁妆了。

无独有偶，看到李碧华写过一篇小说《潮州巷》，写的是一对母女，拥有全港最鲜美最高龄的陈卤，用连续腌制了四十七年的卤水卤鹅，十分有名。

她写道："保护了四十七年的岁月。它天天不断吸收鹅肉精髓，循环再生，今天比昨日更鲜更浓更香，煮了又煮，卤了又卤，熬了又熬，这更像是一大桶心血与光阴。"

菜谱

材料：牛腱子 670 克，陈皮 20 克。

调料：老汤一大碗，大料 1 个，白芷 3 片，丁香 5 粒，砂仁 5 粒，香叶 1 片，桂皮 1 块，花椒 3 克，肉蔻 1 个，茴香 3 克，姜 1 小块，葱 2 段，盐 10 克，酱油 3 勺，糖 5 克。

后来，这位母亲还送女儿一小桶陈卤作为嫁妆。她说，这不是卤水，是心血。

让我感叹，也许是自有卤水以来，我见过的对卤水的最美的赞誉吧。

当卤出的陈皮卤牛肉放进嘴里细嚼慢品时，会发现浓郁的陈皮清香与牛肉的醇香。那是事先并不张扬的冷艳的香，无惧炎凉，而且越嚼味道越饱满，给予味觉悠长的冲击。

这传统的烹制手法将牛肉的醇香发挥到了极致，珍重一块牛肉，要付出足够的耐心与细心，几块小小的陈皮像是灵魂的催化剂，使牛肉来个魔法大变身，给餐桌一份怀旧滋味的惊喜。

做法

1. 牛腱子切块，用水浸泡 4—6 小时，泡出血水，再用清水洗净。

2. 砂锅内放入老汤一大碗，放入牛腱子块、香料、陈皮。

3. 再放入盐、糖、酱油、姜、葱，倒入清水，水量为炖牛肉所需的量。

4. 大火煮开，撇去浮沫，无需焯水，肉紧了反而不易入味。

5. 水再次沸腾后，转微火煨煮，使香味慢慢渗入肉中。煨煮时，翻动几次，使肉块熟烂一致。炖到用筷子可轻松插入牛肉中即可，卤煮时间不可过长，否则肉质变柴，口感不嫩。关火后牛肉仍在锅中，晾凉后放入冰箱冷藏一夜，口味更佳。

4

5

厨房小语：炖到用筷子可轻松插入牛肉中即可，卤煮时间不可过长，否则肉质变柴，口感不嫩。

14

吃得香就是活得正确

——茶香炒饭

那个一进门，衣服都来不及换，就直接拐进厨房的人肯定是母亲。一进门就喊："要饿死了，吃什么饭啊？"那肯定是儿女。

能把萝卜、白菜精心烹饪，做出般若滋味的，一定是母亲。那个挑三拣四，嫌汤咸了，嫌菜淡了的，一定是儿女。

这话说来，肯定中枪的人不少，如果有中枪，那就请自觉面壁思过去吧。

我转而想到，对于每一个人来说，并不期盼自己的母亲是一个烹饪手艺多么高超的大厨，只要能做上几个家常菜，端上桌的三菜两羹或咸或淡，重要的不是这菜的滋味，而是一个有着温馨感和烟火气的家。

有人说，一家的饭一个味儿。虽然都是炒饭，每家搭配的食材不同，做出的滋味也就不同。因为每家都有属于自己的生活，酸甜苦辣都融在自家的饭菜里了，感受不同，味道自然不同。

窗外寒风中飘着雪花，厨房里炉火旺旺，母亲的煎炒之声不绝，炊烟袅袅之中，她的身影拨动人心，此即平凡人家亦有的现实华丽。

十八岁之前，学生时代的日子里，肚子里装的都是父母满满的爱，送进嘴里的是美食，化在心里的是美意。

菜谱
材料：米饭1碗，胡萝卜30克，熟豌豆30克，熟玉米30克，香菇30克，铁观音10克。
调料：盐2克。

"味觉是故乡的，故乡是一种酶，在人生的成长历程，那初始的品味，将成为一生中最快乐的品味。"古清生在他的散文《味蕾上的故乡》中所写。

母亲会让厨房里飘出饭菜的香味，让餐桌成为生活中的一个幸福点，做饭的人乐趣无穷，吃饭的人也乐此不疲，这样的踏实的感觉，只有母亲才能给予。

母亲给我们的爱意，放在无情的沧桑之中，是世间最具烟火气的幸福，我喜欢这种烟火气，好似年画一样透着喜气洋洋。

做法

1. 铁观音用沸水泡开。

2. 滤去茶汁，将茶叶放入油锅中，炸香。

3. 炸过的茶叶用刀切碎。

4. 锅中留底油，下香菇炒出香味。

5. 下入胡萝卜、豌豆、玉米翻炒。

6. 再倒入米饭炒匀。

7. 最后放入茶叶，炒匀。

8. 调入盐，炒匀即可出锅。

厨房小语：蔬菜可依据自己的喜好搭配。

15

唯有美食与爱不负卿

——东坡肉

医生忽然用一种特别温柔的语气对我说："你母亲得了老年痴呆症，你想再要回从前的那个母亲，是绝对不可能的事了。"

"老年痴呆症"。刹那间，我如此心疼。

那日，我和弟妹带母亲去饭店吃饭，吃着吃着，母亲让服务员拿来一个快餐盒，然后把桌上的东坡肉端了起来，全放在了里面。

我说："妈，你这是做什么啊？"

她看了看我说："你们爱吃不吃，我家贝贝爱吃。"

贝贝是我的小弟，小弟从小就爱吃东坡肉，而得了老年痴呆的妈，依然没有忘记她的儿子喜欢吃东坡肉，她要给儿子带回家去。

我对母亲说："你看小弟，他就在这里。"母亲幽幽地说："贝贝刚生下来时，才四斤多，太小了，得给他吃点好吃的。"

在座的人都惊异了，母亲还记得这么久远的事。婴儿的体重是不难秤出来的，可是，无论如何也换算不出母亲对孩子的爱到底是几斤几两。

我的眼泪一下子就流了下来，在那个生活艰难的年代，年轻的母亲把所有的忧急都藏在心里，是怎样一寸一寸地把我们喂养长大。

东坡肉这道菜真好，貌似天下人都喜欢。这可是母亲的拿手菜之一。

曾经记得，母亲说过，东坡肉是北宋时期著名的大文学家苏东坡所创，是杭州名菜，苏东坡的烹肉之法在其《炖肉歌》中可见奥

菜谱

材料：五花肉 550 克。

调料：姜 3 片，葱 50 克，盐 4 克，生抽 100 克，黄酒 300 克，冰糖 15 克。

妙：慢着火、少着水，柴火罨焰烟不起，待它自熟莫催它，火候足时它自美。

母亲用五花肉做东坡肉最好吃，一块约二寸见方的五花肉，半肥半瘦，红白相间，你侬我侬，更为佳妙的是要连一层薄嫩的皮。用砂锅细火慢炖之后，各种调味料的味道慢慢沁入肉中，酒香味醇，色泽红亮，入口即化，娇嫩细腻。

从那以后，常常和母亲一起，做一道道我们爱吃的菜，回忆着过去的往事，母亲的脸上都有一种溢于言表的幸福，快乐的心情使她看上去一点也不像是个病人。

此时，欣慰的是我终于走进了母亲的世界里，找到了能使母亲有一丝快乐的东西，能和母亲心与心交流的话题，只是母亲的一个微笑，心与心的距离，有时就这样短，而过程又是这样的空前。

母亲把儿女的成长、家庭的幸福都写进了心里，每回翻寻，每回仍在，就如打开了那芬芳的往日，在每一个惹人怜爱的笑容后面，都能记起一段惹人怜爱的故事。

多亏了母亲这一道道带着暖意的菜肴，充满了记忆，才让我们活得这样厚实。

6

做法

1. 五花肉洗净，冷水下锅，焯水。

2. 捞出后，擦干水分，将四边切整齐，再切成3厘米宽、5厘米长，大小一致的长方块。

3. 葱、姜放入砂锅底部摆好。

4. 五花肉皮面向下，整齐地码放在葱姜上。

5. 倒入黄酒。

6. 放入冰糖、生抽。

7. 用大火烧沸后转小火，慢慢烧煮90分钟。

8. 将五花肉翻面，使皮面向上，再继续用小火烧煮60分钟。最后将东坡肉取出，整齐地码入盘中，将香葱和姜片挑出，把剩余的少许汤汁淋在肉上即可。

7

8

厨房小语：火越小越好，如果家中灶具的最小火力较旺，可适当加大黄酒的用量，但一定不要加水，以保证成菜的肉香醇厚。

16

漂泊在舌尖的美食

——腊肠茄煲饭

同事小枚这几天都会带着便当来上班。带上便当上班，对于很多上班族来说，早已成为了健康时尚的标志，而且想吃什么完全自己做主，既健康又美味。

办公室里的几个人都奇怪，小枚怎么这么勤快，为自己做便当了，值得表扬一下。

原来，小枚的母亲来了，小住了二十几天，在这段时间里，小枚天天抱着饭盒吃得津津有味。

小枚说："每天早上妈妈都起来给我焖米饭，然后准备早点，等我起来再一起准备菜，或者妈妈直接就都做好了，我嘛，就只有把饭菜装在饭盒里这个事可做了，有妈妈在的日子就是舒坦啊。其实，早上做饭的另一个原因，就是早上多做出一部分饭菜，这样妈妈的中午饭就解决了，不然妈妈中午一个人在家，又不知道会怎样对付对付了。"

早上做饭的时候，太阳正好照进厨房，小枚和妈妈一起准备饭菜，寻常安稳的烟火气，真的很温暖、很温馨，那重重的烟火，落到手里，居然是最难言的幸福。

小枚打开她的饭盒说："这个是今天早上和妈妈一起做的，煲仔饭。"

菜谱
材料：茄子1个，腊肠100克，大米200克。
调料：味极鲜酱油10克，油适量。

煲仔饭最大的享受是在掀开盖的那一刹那，整锅的菜香扑鼻袭来，勾得人食欲大动。肉在白米上泛着油光，色泽诱人，尝一口米饭，咸淡适中，香香糯糯，而且米饭渗进了肉汁的鲜味，回味绵长。

其实，这就是最常见的腊肠煲仔饭，做法简单快捷，失败率为零。除了茄子需要简单地炒制一下外，从开水下锅煮米饭，到米饭蒸熟只需要20分钟，所有材料的切洗准备均能在这20分钟内完成，然后就能吃上荤素搭配、热气喷香的煲仔饭了。有饭、有肉、有菜，很方便，而且还不用守着炉灶，或一趟趟地往厨房里跑。

几个人不由得都伸出了筷子和勺子，都想尝尝妈妈牌的美味煲仔饭，可是放入口中品尝，只觉得淡淡的，一点都没有鲜香的味道。

小枚看到了几个人的表情，说："你们看过朱天文写她父母的家庭生活吧，朱天文的父亲取笑她母亲：'内人做的菜要用猪槽来装。'我妈做的菜，也跟她不相上下。"

小枚说，妈妈做的菜，并不好吃，她是知道的，却是她人生里最丰盛的爱的盛宴，是她一生不会再遇到的美味。

　　我们都说自己老妈做的饭菜是世间最美味的食物，让人念念不忘的"妈妈味道"，往往只是一些普通的家常菜，却是任何玉盘珍馐都不能替代的。

4

5

做法

1. 茄子洗净，切成粗条，腊肠切片。
2. 炒锅中放少许油，油热后，倒入茄条，炒到茄条变软。
3. 加少许味极鲜酱油调味出锅。
4. 将洗净的大米放入电饭煲中，加适量清水。
5. 上面放上炒过的茄条。
6. 放入腊肠片，按下蒸饭键即可。

6

厨房小语：食材可依据自己的口味来搭配，一切皆可能。

17

谁的心底都有一碗面

——豆角焖面

谁的心底都有一碗面，让你暗自揣摸它的滋味。

鲁迅在《朝花夕拾·小引》中写道："我有一时，曾经屡次忆起儿时在故乡所吃的蔬果：菱角、罗汉豆、茭白、香瓜。凡这些，都是极其鲜美可口的；都曾是使我思乡的蛊惑。"

关于食物的回味，常常是记忆上的，仿佛已经很久很久了，依然还有旧时的意味存留，这才是美味的。

家里的老少爷们都爱吃面，牛肉面、大排面、鸡肉面、臊子面、碎片面、蘸水面、棍棍面、龙须面、炒面、凉面，可谓是"面面俱到"且来者不拒。

豆角焖面，是再家常不过的饭食了，每当做它的时候，总会想起母亲对我的那句叮嘱：别忘放一勺甜面酱，很提味的。

曾记得，母亲是如何做豆角焖面的。她切了点儿瘦肉丝，在锅里搁上葱花、姜末，放进瘦肉丝煸炒，煸豆角时，总忘不了放进一勺甜面酱，甜甜的酱香即刻飘满房间。

豆角炒至三四成熟的时，再把面条抖落开，撒到豆角上，铺满后把锅盖一盖，沿着锅边稍微浇上一点儿开水，就等着吃了。

几分钟过后，一打开锅盖，豆角焖面的香味儿扑面而来，母亲一手拿着一把铲子，一手拿着一双筷子，兜着锅底这么一铲，就把锅里头的豆角和面条拌到一块儿了。

菜谱

材料：豆角200克，猪肉丝150克，鲜面条200克。

调料：葱1段，八角1个，生抽10克，甜面酱15克，蚝油10克，香油适量。

　　我站在她的身后，看着，就这样安静地看着，这是岁月赠阅我的人间烟火。

　　盛在碗里的豆角焖面已经没有了汤汁，全让面条吸收了，油汪汪的，吃上一口，那是一种莫名其妙的好。

　　心底里那碗面，在记忆里那么纯真亲切，想来，最想念的，不是那碗面，而是面里的少年时代，是失而复得的亲切轻轻摇撼着我的心。

　　真是好，多年后，在记忆的转角想起来，依然是柔软的温暖。

做法

1. 锅中加入油，烧热，放入葱末、八角炒出香味。

2. 放入肉丝，并调入甜面酱、生抽、蚝油翻炒。

3. 豆角洗净，掰成4—5厘米长的段，倒入锅中炒匀。

4. 倒入清水没过豆角表面，然后将汤汁烧开。

5. 将火力调到最小，用铲子将豆角均匀地铺在锅底，鲜面条均匀地铺在豆角上面。

6. 加盖，中小火慢慢焖，直到锅中水分快要收干，用筷子将面条和豆角拌匀，淋入香油拌匀即可。

厨房小语：

1. 一定要加甜面酱，其他酱口感不好。

2. 生抽、甜面酱、蚝油已有咸味，盐可不加，或酌量加。

衔接起思念的断层

——干锅千层豆腐

有人说，不到一定境界是爱不上食物的，它最给人温暖，如果失恋了，不必倾诉，一路去吃就行了。

生活，其实非常简单，不过就是吃穿住行。吃，是最最基本的事。生活里有吃，吃里更有生活，更有亲情，更有爱情。

吃什么，怎么吃，和谁吃，也许就是一个人不同的人生……

更有甚者，一种食物，极少能顾全所有人的味觉，一个人的美食，也许就是另一个人的毒药。

小妹去了欧洲，回来了，大家都以为她会对城市的繁华、优美的风景啧啧称叹，而她却说："外国人吃的那叫什么饭啊，忒难吃了，那是能吃的东西吗，简直是生不如死。"

她说这话，我们都可以理解，东西方的饮食文化不同而已。

"连一碟豆腐都没有。"她说这话时，有一种咬牙切齿的愤愤感，听得人心里发毛。

让在座的所有人，大跌眼镜。

小妹直嚷着要吃母亲做的干锅千层豆腐。母亲做的干锅千层豆腐，凡是吃过的人都会上瘾，都会嚷着要再吃。

母亲做的干锅千层豆腐，咬上一小块，嚼下去辣辣的干香，越嚼越有滋味，既保留了原本豆腐的细嫩，又不失爽滑劲道。

母亲很是喜欢看清代著名文学家袁枚所著的《随园食单》，她告诉我，《随园食单》实在是一本美食家的必读之书，文字简单清爽，

菜谱

材料：千层豆腐 400 克，洋葱半个，青椒 1 个，小红椒 2 根，五花肉 100 克，香菇 50 克。

调料：姜末 10 克，蒜 10 克，大冲辣椒酱 1 勺，酱油 10 克，蚝油 10 克，料酒 10 克。

人人都可照着去做，有趣的是，作者还将某菜做法出自何人何家都写了出来。

《随园食单》里有十几种豆腐的做法。母亲一直感叹，在美食的传奇里，成就了无数的饮食男女，一块豆腐就十几种吃法，真是功夫大了去了。

母亲做的干锅千层豆腐，用的是千叶豆腐。千叶豆腐相比传统的豆腐更有嚼劲，宜煎、炸等。配上杭椒、尖辣椒、香菇，以及五花肉一起炒，有一种散淡的清爽，连那五花肉都变得收敛了许多，吃到嘴里，不腻。

小妹说，在外这么多年，什么鱼头豆腐、麻婆豆腐、红烧豆腐、五色豆腐等等，吃了不少，但总忘不了母亲做的干锅千层豆腐，想起便是一个思念。

做法

1. 豆腐切块，肉切丝。

2. 香菇洗净，切片，青红椒洗净，切丝，洋葱切块。

3. 将千叶豆腐放入锅中煎至两面金黄。

4. 锅内留少许油，放入姜、蒜、五花肉煸出油。

5. 放入香菇炒香，调入辣椒酱1大勺。

6. 放入青红椒丝翻炒，调入酱油、蚝油、料酒翻炒均匀。

7. 再倒入煎过的千层豆腐，炒香后起锅。

8. 锅仔内垫上洋葱。

9. 放入炒好千层豆腐的即可。

厨房小语：

1. 炒菜时要少放油，五花肉会煸出油来。

2. 生抽、辣酱、蚝油已有咸味，盐可不加，或酌量加。

19

我一直管它叫慈母汤

——菜根绿豆汤

记得小时候，看过一出戏，剧中有一个情节，说一个婆婆想加害儿媳妇，当儿媳妇有病时，她就天天炖人参汤给她喝，在外人看来，这婆婆那叫一个好，可结果是那位儿媳妇的身体却越来越弱。

当时，我十分不解，就问母亲，人参是大补的好东西，给她吃人参，怎么会是害她呢？

母亲说："人的身体在虚弱的时候是不能大补的，有句话叫'虚不受补'，人参虽说有大补之功效，但是它有很强的刺激性，凡大病、久病均不可急用人参一味进补。"

而且，自古中医就有忠告：人参杀人无过。

历来饮食养生中，就有汤为先的说法，汤能容纳百味营养精华。坊间就流传着的"民以食为天，食以汤为先"，李渔在《闲情偶记》中写道："汤即羹之别名也，有饭即应有羹，无羹则饭不能下。"

从那时起，在母亲的一些饮食中，我渐渐明白了，"药物食品"是不可滥用的，有些人把一些中药拿来当饭吃，煲汤、煮粥都得抓上一把药材，决不放过任何一次下锅的机会，这样也是不妥的。

老祖宗有云：药食同源，药补不如食补。

食物养生就是合理搭配饮食，饮食要适度，《黄帝内经》说，饮食"勿使过之，伤其正也"，它是保证合理膳食的重要内容之一。

母亲说："女孩子要懂得煲汤喝，它会使皮肤会白嫩水灵。特别是每次月经过后要喝汤，一碗当归红枣汤，既可补充失去的水分，

菜谱

材料：白菜胆（白菜根部）200克，白萝卜
　　　200克，绿豆50克。
调料：冰糖适量。

又可补血养气。女人不补容易老，汤是一种最好的进补方式，可以让食材的营养疗效最大限度地发挥出来，但补要合时也要适量。"

我说："一只鸡煲一锅汤，那得什么时候喝完啊？"

母亲说："你笨得够可以的啊，家里人少的话，你不会用半只来煲啊，或者是四分之一。如果是时间不充裕，那就买一个专门煲汤的电砂锅。不过还是砂锅慢炖出来的汤有滋味。"

后来，母亲还给我买了一个砂锅，亲自给我做了示范，汤要煲多少为宜，一次煲出来的汤，每天喝一碗，喝2—3次，或是每天三餐都喝一碗，2天喝完。这是按1人份来说的。

母亲还会把头天晚上喝不完的汤，加些烫熟的油菜、菠菜、香菇，第二天早晨煮菜粥、煮面条，既便捷又营养美味，那可是我的最爱。

菜根萝卜绿豆汤，是我家常喝的一道汤，我一直管它叫慈母汤。

母亲经常会煮一锅这样的汤，让每个人喝一碗。

大鱼大肉之后，肠胃已经被那些油腻的食物折腾得"翻江倒海"了，必需要做的就是清理体内的毒素。

菜根萝卜绿豆汤，能增强肠胃之气，排除体内的浊气，身体由内而外的清爽。能补能清还便宜。

母亲告诉我，若是想消暑，绿豆汤煮上

10 分钟就可以了，颜色也碧绿清澈。如果是为了清热解毒，最好把豆子煮烂，这样的效果最好。

女人想要美丽就绝对不能少了汤汤水水的滋养，《红楼梦》里那位宝二爷说：女人是水做的。觉得他的话颇有惊人之见，食补是滋养的最好的方法。

做法

1. 将白菜胆、白萝卜洗净，切成片。
2. 先将绿豆洗净，放入锅中加水，用中火煮至半熟。
3. 将白菜、萝卜加入绿豆汤中，同煮至绿豆开花，白菜、萝卜软烂。
4. 将白菜胆捞出。
5. 加入冰糖调味即可。

厨房小语：不喜欢吃萝卜、白菜的，可将白菜胆和萝卜同时捞出，只饮用绿豆汤。

20

一种难以言说的情愫

——啤酒香菇酱拌面

小果很喜欢吃炸酱面，可她从来不吃。

小果说，在很多人的眼里，炸酱面是一种华丽而丰盛的平民美食，而在我的心里，炸酱面是妈妈留给我的信物，是我永远的深深怀念。

小果的母亲很早就去世了，是在小果十九岁那年，突然离去的。

小果说，自己与母亲只做了十九年的母女，就恩断缘尽。

她告诉我，她母亲走的那个冬天，快过年了，下了一天一夜的鹅毛大雪，雪花把天空飘得很轻。

母亲突发心梗送进了医院，千呼万唤，母亲却始终没有应声，这哀伤来得过于迅疾，让她猝不及防。

她说，母亲做的最后一顿饭是啤酒香菇酱拌面。那是个周末，母亲说，做啤酒香菇酱拌面吧，你爱吃。

她和母亲一起做着饭，她切菜，母亲和面，擀面条。母亲擀面条时身体好似弯成一张弓，用一个大擀面杖，把面擀成一个大圆片，然后，一层一层地叠起来，再用刀切成条……

她常常会想起，母亲做的啤酒香菇酱拌面，啤酒与黄酱混合后，会散发一种特殊的醇香，啤酒提香便是这碗酱的妙处，是其他调料无法比拟的，啤酒炸酱色泽棕红，香气浓厚。

出锅时撒上一把炒熟的花生碎，更是增添了这碗酱的浓郁鲜香，不想烧菜的时候，拿它出来拌个面，甚至是拌个饭、卷个饼，都相当舒坦。

菜谱
材料：猪肉末150克，香菇3个，五香花生100克，啤酒1听，黄瓜1根，面条300克。
调料：干黄酱50克，葱、姜末适量。

那缕缕酱香味，拌着晶莹的面条，带着母亲的气息，依然在岁月中悠悠飘散。她很想再让母亲像小时候那样给自己梳发辫，很想躺在母亲的身边睡一会儿，很想和母亲一起聊聊天，那是一种漫无目的，想起什么问什么的聊天。

此刻，母女一阴一阳且远隔了十几年，已听不到母亲唤女儿的声音，也碰不到母亲近家的身影。

如今，小果提起炸酱面就有一种难以言说的情愫，就有一种抹不掉的记忆……

做法

1. 干黄酱倒入啤酒。

2. 慢慢调成稀的酱汁。

3. 香菇洗净，切末，花生压成粗粒。

4. 锅中放油，下葱、姜末炒香，再放入肉末
炒香。

5. 放入香菇翻炒。

6. 倒入剩下的啤酒，再放入调好的酱汁，炒
出酱香味。

7. 出锅时撒入花生粒即可。

8. 汤锅中加水，烧开后，放入面条煮熟，捞
出过凉开水，碗中放入面条、黄瓜丝、啤
酒香菇酱即可食用。

厨房小语：酱汁一定要炒出酱香味。

Part 3

妈妈味道：回归童真味

昵昵儿女语，灯火夜微明。小时候的琐碎的回忆，渐渐明晰起来，陆游有诗：白发无情侵老境，青灯有味似儿时。

母亲的每一道菜的背后都有不同的爱，像是一本带有不同爱的故事书，我依然迷醉着儿时的这些食物，它们温馨、饱满、亲切，无论何时何地，想起、念起，依然在我的记忆里，挥之不去，依然绿肥红瘦地刻在脑海里。

01

馒头的红尘麦香

——老面馒头

母亲做馒头，又白又大又暄又香甜，可以说做到了极致。一直迷恋母亲做的馒头，有浓浓的麦香，让人心猿意马。

母亲说，你们在外面吃的馒头都是用酵母，用酵母做出的馒头不好吃，还是用老面发的好吃。

老面，也叫面引子，在过去的日子里，谁家的厨房里若是没有一块面引子，很难想象怎么蒸馒头。

面引子是上次做馒头时留下的一块面团，那么一小块儿面引子，简直就像是火种，下次蒸馒头时，会先将面引子泡开，发酵好了，再和上面粉，揉成面团，然后再次发酵。

以前，我总是嫌麻烦，又是泡老面，又是发面，又是揉碱，折腾来折腾去的，不如用酵母方便。

如今，"老面馒头"这一被遗忘许久的名词，再次回到人们视野中，带给了人们更多昔日的记忆。

每天早上起来，都能听到楼下那个临街的馒头铺子的叫卖声。

老面馒头，老面馒头——

觉得平淡的日子，立马鲜活了起来。

看到母亲在发面蒸馒头，她用的面粉是自己种的麦子加工的，不掺什么增白剂的，用纯正的面粉做出来的馒头，可能颜色上要稍微黑一点，但口感上更好，对身体肯定更健康。

菜谱
材料：老面150克，面粉500克，食用碱
　　　2克。

母亲总是头天晚上发面，第二天蒸馒头。她围着围裙，先在面板上撒干面粉，然后不断搓揉，闻闻，拍拍，再揉。这是要把面团里的小气泡揉出来，其实揉到完全光滑并不很容易，至少需要一刻不停地使劲揉30分钟左右。然后揪下一个个剂子，再一个剂子一个剂子地揉，揉成圆圆的生胚。

用老面蒸出来的馒头出锅了，不仅看起来白白胖胖，摸起来松松软软的，味道还真不一样，吃起来口感醇厚、质地细腻、天然微甜、咬劲十足，还有一种浓郁的麦香。

小时候，母亲端上新出锅的馒头时，我常常会弄出各种新吃法，那是一种无可言状的快乐。

我先撕下馒头皮儿，放上些母亲腌的咸菜丝儿，卷成一个春饼的样子，放到嘴里慢慢地咀嚼着，馒头皮的那种韧劲，是那么的恰到好处。

撕去皮儿的馒头又松又暄，香甜得很，夹上一个母亲腌的流着金黄油的咸鸡蛋，浓郁的麦香味与鸡蛋味重合，像山乡简朴的意念，带着另一种动人的气息。

如今，掀开记忆的一角，不仅仅只是这味道，更多的是那时成长的印痕，时时怀着一颗虔诚的心去回忆，那些曾经的快乐。

做法

1. 老面提前泡开，加入面粉中。

2. 和成面团。

3. 放置温暖处发酵到两倍大。

4. 食用碱放到案板上。

5. 发好的面团揉进食用碱（视发酵酸度加，
   碱用水调开揉到面团里也可以）。

6. 下剂。

7. 揉成馒头。

8. 揉好的馒头醒十几分钟。

9. 温水下锅放上馒头，蒸 20 分钟即可。

厨房小语：没有老面，用酵母也可以。

02

有趣的一道菜

——擂椒娃娃菜

白菜曾是一个时代的象征。在我的记忆中，它是充满世俗味道的蔬菜，并没有这样那样的诗意，在漫长的冬季里只能靠它过日子。

那时，家家户户的屋檐下，层层叠叠地摆满了白菜，青绿的叶子齐齐地向外舒展着，恰似一道绿白相间的墙，让人心里觉得踏实，也成为此后长达半年的干枯日子里的一抹绿色记忆。

母亲有着数不清的烹调白菜的方法，经常是上顿吃醋熘白菜，下顿吃砂锅白菜，伴随着粗茶淡饭，将清清淡淡的日子过得活色生香，人间有味是清欢也不过如此。

那时，母亲告诉我，秋末晚菘，菘，就是白菜。

"秋末晚菘"之语出于《南齐书》，载周颙于钟山西立隐舍，清贫寡欲，终日长蔬食，卫将军王俭问他："山中何所食？"答曰："赤米白盐，绿葵紫蓼。"文惠太子问："菜食何味最胜？"曰："春初早韭，秋末晚菘。"

"秋末晚菘"呼之，则六朝烟火气扑面而至。

可是，那时总觉得也没吃出秋末晚菘的美味来，也没有如李渔所说："菜类甚多，其杰出者则数黄芽。每株大者可数斤，食之可忘肉味。"大白菜食之可忘肉味，似乎有些夸张。这平常的白菜，能让人吃得暖心暖肺倒是真的。

菜谱

材料：娃娃菜1棵，红辣椒2个，青尖椒3
　　　个，蒜瓣5个，香菜少量。
调料：盐1克，糖5克，蒸鱼豉油15克，
　　　蚝油10克，橄榄油20克，花椒适量。

一棵大白菜，吃了几十年，依然出现在我的餐桌上，无非是炒、炖罢了。其实家常白菜也有很多精细烹调的做法，如擂椒白菜，盈盈漾漾，鲜美清酽，是一道色香味形俱佳的菜。

擂椒白菜是用余的方法，可以最大程度地保留白菜的原汁原味，能够保留白菜原有的清爽脆嫩，而且是一道少油的健康菜，趁热淋上各种调味料、橄榄油、香油，吃起来酸辣可口，是一道开胃的凉拌菜，甚是下饭。

这道菜的关键是擂椒酱，也就是把青红椒、蒜捣成泥茸状，再把擂椒酱放入白菜中一起拌匀。

母亲做的擂椒白菜，让人觉得亲近、温暖，也很让人留恋，之所以如此的怀念，不仅仅是因为那记忆中挥之不去的美妙滋味，更是因为心底生出的丝丝暖意。

做法

1. 青红辣椒切片，蒜拍破。

2. 白菜洗净，剖成6片。

3. 蒸锅坐水烧开，将白菜放入焯熟，捞出沥干水分。

4. 青红辣椒和蒜一同放入蒜臼子，放入少许盐，捣成泥。

5. 青红辣椒、蒜泥放入碗中。

6. 加入蒸鱼豉油、盐、糖、蚝油。

7. 锅中入橄榄油，加适量花椒，小火煎至花椒出香味，呈深棕色。将油趁热隔筛网倒入辣椒泥中。

8. 香菜洗净，切成末放入椒泥中，搅匀即成擂椒酱，将擂椒酱倒到白菜上即可。

厨房小语：这道菜的关键是擂椒酱，也就是把青红椒、蒜捣成泥茸状。

03

小腹三层非一日之馋

——樱桃肉

樱桃肉，好香艳的名字，真是一种倾城的诱惑应该有的态度。

吃块吧？——我减肥，不吃啦！

来块吧？——不吃啦，都说了减肥啦！

说不吃的语气，一声比一声没了底气，终没抵挡住母亲放到面前的那碗樱桃肉。小小的蒸碗里，盛着巴掌大的一方切得如樱桃般大小的五花肉，排列整齐，色泽似樱桃般鲜嫩殷红，母亲往桌上一放时，竟看到肉块忽地抖动了一下，有些事物就是天生狐媚，这樱桃肉如妖艳女子，同是尤物啊。

樱桃肉，用五花肉做的，有人说五花肉是中国美食中最香艳之物，有着危险的美丽，她那用心险恶之美，几乎步步惊心。

你的窈窕身材，会让这风月无边的五花肉给毁了。谁，在这霸道的肉香中，也不再是什么贞节烈女，都被那目眩神迷的味蕾触感，折磨得欲罢不能。

我为此也幡然醒悟：小腹三层非一日之馋。

樱桃肉，是苏州传统名菜。在江南生活的那二十年间，母亲深喜这道菜。其实，喜欢樱桃肉的人很多，那甜甜的厚厚的浓香，既华丽，又饱满，似江南美人，有着"惆怅墙东，一树樱桃带雨红"的感觉，让人无端地在舌尖上缠绵起来。

樱桃肉也是红烧肉的一种。母亲告诉我，做樱桃肉，五花肉的选择很重要，要选白肥红瘦，层次你侬我侬，却又泾渭分明，厚度

菜谱

材料：猪五花肉 400 克。

调料：红曲米粉 7 克，绍酒 25 克，冰糖
20 克，盐 7 克，生抽 45 克，姜片 3 片，
葱段 2 段。

一致的五花肉。

　　每次做樱桃肉时，还会加一点红曲米粉，母亲说这才是正宗的做法，是区别于红烧肉的做法，可以让樱桃肉有锦上添花、人前显贵之妙。

　　然后，母亲将煮过的五花肉肉皮向上放在案板上，用刀纵横切成樱桃大小的块，砂锅中垫一个小竹箅子，放入切好的五花肉，倒入半碗绍酒，加入调料，用小火继续焖煮1小时左右，收浓汁，就可上桌了。

　　虽然多数时候，我们的日子断壁残垣，但是不妨碍有一碗诱人的樱桃肉。

做法

1. 五花肉洗净，置沸水锅中煮至五成熟，将煮过五花肉的水滤出渣滓，留热汤备用。

2. 肉捞出，待凉后放在砧板上，用刀在皮面上纵横切成樱桃大小的块，底层瘦肉不可切断（如图）。

3. 砂锅中垫一个小竹算子，放入姜片、葱段。

4. 将切好的五花肉肉皮向上放入锅中，加绍酒、生抽。

5. 红曲米粉用适量温水浸开，倒入锅中。

6. 放入 10 克冰糖。

7. 加原汁汤，没过肉即可

8. 加盖用中火烧开，用小火焖煮 1 小时左右，至肉酥烂，再加入另外 10 克冰糖和盐改用大火煮 10 分钟，收浓汤汁，即可装盘上桌。

厨房小语：

1. 做樱桃肉，五花肉的选择很重要，要选白肥红瘦、厚度一致的五花肉。

2. 没有红曲米粉，可用一块红腐乳代替，没有小竹算子，可放几根筷子或勺子。

04

远离父母才知腊味香

——腊味小炒

小时候，很是抗拒腊味，总觉得烟熏火燎的味道，有一种老房子里的陈年旧味，以及偶尔放纵的木质香。然而，等到了一个合适的年龄，一定会懂得腊味的滋味。

母亲会在每年的冬天做腊肉。母亲腌制腊肉的方法很简单，首先将新鲜的猪肉切成长条形的大块，然后将盐均匀地搽在猪肉表面。盐的用量全凭母亲的感觉，并不是一味的重盐强腌，所以，母亲做的腊肉，总是那么的恰到好处。

将肉涂上盐后，母亲就把腊肉装在一只大缸里，腌制两三天后，再将腌肉取出，挂在阳光下晾晒。那时小小的阳台晒着自家腌制的腊肉，北面亭子间窗下，挂着自家制的干菜。

暖暖的阳光里，栏干上晾着的腊肉，在阳光下吐放着诱人的香味，很深沉，有一种令人感动的旧时光、老光阴的烟火气。

还有什么比这个更真实的生活呢，只觉得有一种远意，叫人愁煞。

母亲告诉我，吃腊肉，一定要懂得挑肥拣瘦，否则就会吃亏。

那时，不太明白这其中的道理，因为无论肥瘦，都不欢喜腊肉的味道。

自从远离父母，远离故土之时，才知腊味的香。

每年母亲都会给我留一些腊肉，等我回家时吃，返程时再带一包。若是回不了家，还会打包给我寄过来。

菜谱

材料：扁豆 400 克，腊肉 200 克。

调料：姜丝 10 克，小米椒 6 个，生抽 10 克，糖 5 克。

腊味小炒，用的是母亲做的腊肉，偏咸，而腌渍过程中的烟火气，使滋味更凛烈。

腊肉与扁豆、红椒一起爆炒，当腊肉放入锅中，浓浓的肉香瞬时就会从锅里飘溢出来，扁豆与辣椒混迹在白肥红瘦可人的腊肉中，染了一身的腊渍，给人浓香醇厚的感觉。

细心地把腊肉放进嘴里慢慢地嚼着，口感很劲道，腊肉的腊味和辣味令人迷眩，吃的时候并不觉得辣，这实在是出乎我的意料之外的，不能不惊异。

这时候瘦肉因口感太柴，反而无人问津，那肥肉却晶莹剔透，容光焕发，吃到嘴里，其腊味可以一直在口腔中存留很久，令人满足得说不出话来。

4

做法

1. 扁豆择洗干净,切条;腊肉切片;小米椒切片。

2. 锅中放油,油热后下姜丝炒香,放入腊肉、小米椒。

3. 炒到腊肉出油,放入扁豆条翻炒。

4. 炒至扁豆软烂。

5. 调入生抽、糖即可出锅。

5

厨房小语:腊肉已有咸味,盐可不放或酌量放。

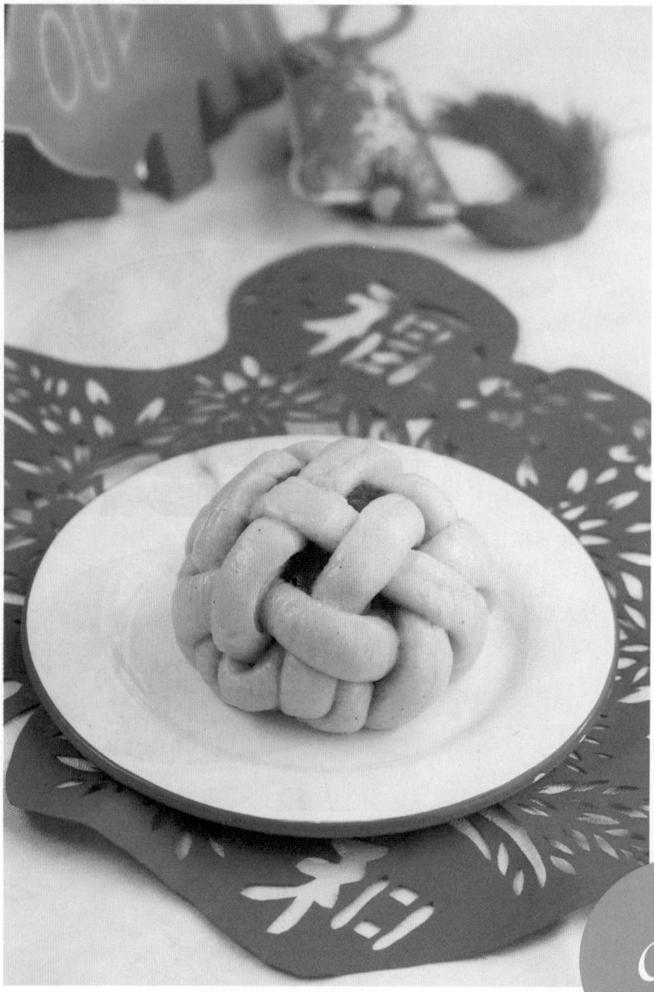

05

想世间的缱绻事
——锦绣豆包

锦绣豆包，是用黄米面做的，非得鲜热地吃，一但凉了，就沦落了，且带着过气的沧桑味。

去了壳的黍子碾成比小米稍大的黄米，再把黄米磨成面，即成黄米面。

小时候，有一种黏窝窝，就是用黄米面加红枣做的。若是正好赶上黏窝窝出锅，透过笼罩在锅上蒸腾的热气，只见蒸锅里的黏窝窝颜色淡黄，点缀着粒粒红枣，煞是诱人。

黄米面做成的食物，有黄米面窝窝，还有一种黄米糕，虽然南北地域不同，这些都是过年专用的奢侈之物。

看过《白毛女》的人都记得，喜儿唱："北风吹，雪花飘，雪花飘飘年来到。爹出门去躲债整七天，三十晚上还没回还，家家都蒸黄米糕，包饺子，烧香，贴门神，过年啦。"也提及黄米糕是新年必备的食物。

"黏窝窝，热的——"脆亮的叫卖声飘在空中。如今，随处都有黏窝窝卖了。

母亲说，过年蒸黏窝窝，是专门给灶王爷吃的，灶王爷吃了这种又甜又黏的窝窝，可以上天言好事，下界降吉祥。

黄米面豆包，凉了就会发硬，再吃的时候重新蒸一下，它好像也"改过自新"，又是另一个口感，总之怎么吃都好吃。

菜谱

材料：黄米面300克，面粉150克，发酵粉5克。

调料：红豆馅300克。

母亲曾将黏窝窝切成条块状，用油煎了给我们当点心吃。过年吃一次油煎的黄米黏窝窝，可是盼望已久的事。黄米面黏窝窝和黄米面豆包，都是儿时爱吃的美味，至今想念。

从前的日子，家乡淳朴的民风和特有的黄米面豆包，让人心醉神迷。

这么多年过去了，每到过年，回老家时，母亲还是喜欢自己做黄米面豆包和黄米面黏窝窝，黏窝窝依然会用油煎一下，顿时空气中便涌动着一股甜丝丝的枣香味儿。

我劝母亲不要再自己做了，很多卖黄米面豆包的地方，随时可买来吃。母亲却说，自己做的才有味道。我知道，那是母亲在回忆从前的日子呢。

做法

1. 将黄米面、面粉、酵母粉放入盆中，加入温水将其和成面团（略软些）。

2. 放到温暖处，发至两倍大。

3. 取面团，擀成饼，然后切成条状。

4. 将面条搓成圆条。

5. 把面条编成如图的图案。

6. 放入豆沙馅，切去四边。

7. 收拢所有的条，去掉多余的面。

8. 包好的豆沙包。

9. 入锅蒸 25 分钟即可。

厨房小语：面条搓得不宜太粗，否则包出来太大，不易熟，也不好看。

06

妈妈的手写食谱

——陈皮虾

而今，美味的食物远远多过以往，吃的那份快乐与惊喜早已荡然无存，之所以如此怀念，不仅仅是一碗粥、一碟菜，那简朴清淡的饭菜里，似乎挟裹着许多人生命里的写真与缩影，在氤氲的香气飘逸中，多少往事尽在其中。

母亲有几本手写菜谱，而且，还是用毛笔书写的蝇头小楷。

母亲从小受过良好的教育，能写一手的好字。母亲的这几本手写菜谱，上面有主食、鱼类、素菜、荤菜、蛋禽类、糕点等，且注明了详细的烹饪方法。其中，面食最是五花八门，什么馒头、花卷、大饼、火烧、合子、水饺、面条，可谓面面俱到。

母亲还有一部分古代食谱，她喜欢从故纸堆里翻捡古代吃食，把能做出来的菜肴、面点都记录下来，以便日后做时再参考。

曾经，见过国画大师张大千的手写菜谱。那是在一场拍卖会的预展上。

张大千不仅是大画家、大书法家，而且是一位美食家，又好客，操筵飨客总是郑重其事。

母亲的菜谱，虽然与大师的菜谱不可同日而语，但它在我的心里依然弥足珍贵。因为，母亲的菜谱还有一个分类，那就是我家所有人的喜好，都写在里面。

父亲的胃不好，要吃软的食物，有虾仁鸡蛋羹、各种米粥等；我爱吃的各种鱼，有糖醋鲤鱼、苏式熏鱼、侉炖鱼等；小妹的甜腻

菜谱

材料：明虾 400 克，柠檬半个，陈皮 10 克。

调料：葱末 10 克，姜末 10 克，盐 2 克，糖 10 克。

腻的菜，更是少不了，有桂花排骨、陈皮虾等。

可是，菜谱里却没有写母亲爱吃什么菜，写的最多的是小妹爱吃的菜，也许是她从小身体就弱的缘故，母亲常用陈皮做菜给他吃，因为陈皮既能健脾，又能理气，故往往用作补气的药，可使补而不滞。

陈皮虾就是小妹爱吃的一道菜，是加入陈皮、柠檬，做成的一道菜肴。陈皮与柠檬搭配，既有浓郁的陈皮芳香，又有柠檬的甘酸，更增加了虾丰厚多层次的口感，简单几步就将虾的外壳上裹上了浓郁的甜香，组合起来变成了惊世的美味，让人回味无穷。

时至今日，想起母亲那句："她爱吃。"真是无比的动人心弦，比起"我爱你"三个字，"她爱吃"这三个字，是多么妥帖。

妈妈的手写菜谱，我会好好地保管起来，因为这一本本手写食谱，记载着我们的生活。并且，这些菜霸道地占据着我的回忆之味，缠绵于我的味蕾之上。

做法

1. 陈皮泡开。

2. 陈皮切丝，柠檬切片。

3. 虾洗净，用牙签扎进虾尾的第二节。

4. 轻轻地挑出虾线。

5. 锅中放油，油热后放入虾，炸至变红，盛出沥干油。

6. 锅中留底油，下葱末、姜末炒香，加入适量水（不要太多）

7. 放入陈皮、盐、糖、柠檬，煮至香气四溢，汤汁开始浓稠。

8. 加入虾翻炒匀，略煮一会儿入味即可。

厨房小语：糖和陈皮的量略多些，香气很特别，非常好吃。

193

07

食物的愉悦和儿时的记忆有关

——番茄鲜贝疙瘩汤

母亲做的疙瘩汤，延伸了记忆，是刻在骨子里的一个暗记。

如今，快餐时代，旧时的味道，正马不停蹄地消失。

"食物成为愉悦的来源，和儿时的记忆有关。"戴安·艾克曼在他的《感官之旅》中说。

记得小时候，每当寒流来袭，就躲到暖暖的炕上，拥着厚重的棉被，捧着一碗温暖而口颊留香的疙瘩汤，一口接着一口，疙瘩汤的香浓滋味，瞬间经过喉咙流到胃里，让整个人身心都温暖了起来，吃完后，香味犹留在嘴里，久久不散，暖暖的感觉让人既饱足又幸福，这样的记忆特别温暖。

疙瘩汤，绝不同于快餐带来的麻辣鲜香的调味品激刺，而是一股敦厚温暖的味道，每当想起它，脑海中都会蹦出三个字：古早味。

"古早味"是什么味？古早，是怀旧的符号。是怀旧复古，更是一种自然回归。

有古早味儿的东西，我们都会说："嗯，这是小时候的味道。"勾起浓浓的怀旧相思，只是因为自有一分淳朴在其中。不要笑我一下子跌回过去那个年代。

说起疙瘩汤，上世纪六七十年代以前出生在北方的人，都会印象颇深。那时，很多人家的晚餐，常常喝这道既算汤菜又算主食的疙瘩汤。

菜谱

材料：面粉 100 克，西红柿 2 个，鲜贝肉 50 克，鸡蛋 2 个，香菜 2 根。

调料：葱姜适量，胡椒粉、盐、鸡精、香油各少许。

如今疙瘩汤已走上了大雅之堂，许多酒店为了怀旧之情，也有了疙瘩汤，可是，比原来记忆中的疙瘩汤多了很多配料，如鸡蛋、香菇、鸡肉、虾仁、鱿鱼、贝肉等，只是，而今的人们都喜欢浓烈的东西，没有鸡丝、排骨、牛肉已经不再是一碗疙瘩汤，这疙瘩汤已非往日的出身了。

很长一段时间，我迷恋母亲做的这碗疙瘩汤，依然记得母亲做疙瘩汤时的样子。她都是用左手沾点水后淋在面粉上，然后右手赶紧用筷子搅面粉，就这样左手淋水右手搅，就会将面粉搅出很多的面疙瘩了，下到锅里后，面疙瘩越小越好。

盛到碗里的疙瘩汤，一层碎碎的小葱葱花，汤里浮着胭脂红的西红柿，着绿色的点缀，想想就美。它美得素朴、诗意，带一点生活平常的香气，那是冬天里餐桌上的一抹风景。

我依然迷醉着这些食物，它们温馨、饱满、亲切，是母亲带给我的一个又一个温暖而厚实的日子。

做法

1. 西红柿去皮，切丁；鸡蛋打散。

2. 面粉放入碗里，加少许盐，混合均匀，左手淋水右手用筷子搅。

3. 将面粉搅出很多的面疙瘩。

4. 香菜洗净切段，鲜贝洗净。

5. 锅中烧热油，爆香葱姜，放入西红柿西炒软。

6. 倒入足量的水，放入鲜贝，烧开。

7. 锅中汤沸开后，将面疙瘩倒入，快速搅散，大火烧开后转中火煮两三分钟。

8. 鸡蛋淋入锅中。

9. 大火再烧开即可关火，调入鸡精、胡椒粉、香油。

10. 撒入香菜即可出锅。

厨房小语：搅面疙瘩时，水要轻撒，耐心地快速搅拌，才能成疙瘩状，否则就成面团了。

08

世间凡尘的小恩爱之团圆

——珍珠丸子

小时候，总是非常期待过年，像中蛊一样，对年产生眷恋。那种眷恋，当然少不了美食的诱惑。

丸子，是世间凡尘一种小恩爱之团圆。

过年讲究的是团团圆圆，丸子，又叫圆子，因而做丸子、吃圆子就成了一种广为流传的饮食文化。

如此，家家户户的餐桌上，必不可少的就是一道"圆子"，才算真正的过年，才算真正的团圆。

因此，一向寓意团圆比较讨喜的小巧玲珑、形态各异的丸子，更是过年少不了的传统老菜，似乎年夜饭的餐桌上没有一道丸子，过年就少了那么点气氛。

每到过年过节，家乡人特别喜欢做丸子，至于丸子的成份，各地不同。有肉丸子、素丸子、绿豆丸子、黄米丸子、萝卜丸子、藕丸子等，有肉丸子那种诱人的荤香，也有素丸子那萦绕鼻底的素香，各有各的好。

从十几岁开始，每年过年时，都是母亲在灶前煮、蒸、炸，而我在身边打下手。看着母亲细心准备着每一道工序，从原料到捏制，各色馅料争相变身，渐渐变成了珍珠般的丸子，错落有致地放置在笼屉上。

母亲告诉我，不用摆得太整齐、太密，否则容易粘在一起，错落摆放更容易熟透，丸子更好吃。

菜谱

材料：猪肉 300 克，糯米 150 克，香菇 2 个，蛋清 1 个，藕 100 克。

调料：葱 1 段，盐 2 克，生抽 10 克，料酒 10 克，蚝油 10 克，香油、调馅粉、淀粉适量。

说话间，半个小时到了，香喷喷、滑嫩嫩的丸子也出锅啦。糯米包裹着肉丸子，洁白袅娜地泛着光泽，细细地腾着热气。轻轻地咬上一口，松松软软的外壳，夹着米香，里面是樱桃大小的肉丸子，汁液饱满，那味道真好，一股纯粹的丸子香，百般地诱惑着你。有鲜肉的厚，还有米糯糯的薄，有一种感觉上的浓厚，一点不腻滞。

如今遥想当年，每一个丸子都那么美妙。每每把这些年少时断简残篇的回忆，倒在餐桌上，我都会微笑发呆。

5

6

7

做法

1. 糯米洗净，浸泡 12 小时以上。

2. 葱、藕、香菇切末。

3. 肉馅加入葱、藕、香菇末。

4. 再放入蛋清、调馅粉、盐、蚝油、生抽、香油。

5. 朝一个方向搅上劲儿。

6. 用手将肉馅揉成小圆球，放入糯米中滚一滚。

7. 让肉馅均匀沾上一层米，并用手轻轻按压
   表面，让米粒与肉馅结合紧密些。

8. 上锅蒸 15 分钟，盖盖儿虚蒸 3 分钟即可。

厨房小语: 糯米一定要浸泡。肉馅要搅上劲，
口感才 Q，有弹性。

09

有美食有故事，韵味十足

——宫廷金银猪蹄

中国人的吃，真真让人叹为观止，没有什么不能吃，没有什么不可吃。都说是四大文明古国，没有吃，还能古到哪里去？

在灯下捡拾其来龙去脉，母亲做的金银猪蹄，曾经是宫廷中十分受皇帝喜爱的一道菜。如今的宫廷菜已不像过去那样高不可攀了，平民百姓也能大快朵颐。

宫廷金银猪蹄，两个猪蹄一白一黄，白色猪蹄给人以软嫩、清爽之感；黄色猪蹄给人以丰润甜美、香酥之感。古人赞曰："色目琥珀，又类真金，入口则消，状若凌雪，食浆膏润，特异凡常也。"

母亲做的金银猪蹄，一边是软烂鲜香的原味猪蹄，一边是皮弹肉紧的弹牙金色猪蹄。一个猪蹄，两种味道，很容易勾起家人的食欲，往往一上桌就被一扫而光。

猪蹄是我家最喜欢食用的美味佳肴，母亲用它能做出莲藕猪手、花生焖猪脚、卤水猪手、水晶蹄花等名菜，每道菜都可深入我们的心里。

猪蹄好吃，可一旦做不好，吃起来会感觉油腻腻的，还有一股怪味。

菜谱

材料：大猪蹄1只，莲子40克。

调料：香葱2根，姜3片，盐8克，白酒10克，老抽15克，陈皮10克，花椒3克。

　　母亲做猪蹄的时，先要把猪蹄表面的污垢清理干净，猪蹄切块用沸水再清洗一遍，然后放入锅中焯水。焯水时，放上几片陈皮和十几粒花椒，再倒入一勺白酒，就能很好地去掉猪蹄的腥味了，若是还觉得有腥味没除净的话，在做的过程中，再倒入一碗用花椒泡的花椒水，就可以完全去掉猪蹄的腥味了。

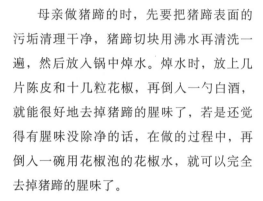

做法

1. 猪蹄洗净，从中间切成两瓣。

2. 莲子浸泡 20 分钟。

3. 猪蹄冷水下锅，放入陈皮、花椒、白酒，焯水捞出。

4. 捞出猪蹄，把半只猪蹄趁热抹上老抽，要细细地抹匀。

5. 将抹上老抽的半只猪蹄下油锅，炸到肉皮发紧捞出。

6. 锅中留少许底油，放入葱、姜爆香，放入猪蹄。

7. 倒入开水没过猪蹄，调入盐。

8. 再倒入泡过的莲子。

9. 炖至猪蹄软烂即可。

厨房小语：焯猪蹄时，放入陈皮、花椒、白酒，可去除猪蹄的腥味。

偷吃的快乐

——梅干菜蒸鸭

阅读旧日，回味梅干菜蒸鸭的香，只是试图钩沉记忆中那种充满烟火气的家的温馨，还有那种从母亲手中接过盘子，忍不住偷偷地用手捏一块，放入嘴里偷吃的快乐。

古人有"近乡情怯"的说法，对于我，在江南生活了二十几年，江南不是故乡，只是一匆匆过客，但江南的美食早已滑入记忆了，一菜一饭犹回响着旧日的昵语。

干菜鸭子是江南的一道名菜。浙江建德的传统名菜，严州干菜鸭，因以水鸭和干菜合烧而得名。

严州干菜鸭已有三百多年历史，以其酥嫩甘香、油而不腻、回味好而闻名。它黑里透红，酥嫩爽糯，在鸭肉的鲜味中，伴有干菜的清香，并略带甜意，还有民间故事相伴流传。

其实，所有的美食故事，都为增加趣味，出处未可必，一笑姑置之。

如今，干菜蒸鸭既有饭店里的传统做法，也有家常做法，无论哪种做法，都离不开梅干菜。

梅干菜，也叫做干菜，相传最早产于古代越州，也就今天的绍兴，故又称绍兴梅干菜。

出生在绍兴的鲁迅先生对梅干菜情有独钟。在《鲁迅日记》中，多处记载着他在北京、上海时，绍兴的亲友做干菜送给他。

菜谱
材料：鸭子半只，梅干菜150克。
调料：葱10克，姜3片，蒜5克，冰糖10克，腐乳1块，盐5克，料酒15克，生抽15克，八角1个，桂皮1块，油适量。

鲁迅先生的小说《风波》，极有乡土风味的开场，端上来的就是一碗蒸干菜。他写道："老人男人坐在矮凳上，摇着大芭蕉扇闲谈，孩子飞也似的跑，或者蹲在乌柏树下赌玩石子。女人端出乌黑的蒸干菜和松花黄的米饭，热气腾腾地冒烟。"每一个字都透出人间烟火味道。

梅干菜，有人说它是宿命的，这并不是对它的轻贱。因为，若是想做出好的梅干菜菜肴来，必与肥甘厚味的滋润脱不了干系。

母亲做这道梅干菜蒸鸭时，只是一种简单的家常做法——先把鸭子煮透，再与梅干菜一起蒸至入味。

端上桌来，只见其色泽红润油亮，经过煮和蒸两道工序，鸭子骨酥肉烂，香浓油润，干菜的香味恰到好处地融合在其中，鸭肉的

鲜美混合着干菜的芬芳，是一阵撩人的浪，
一波三迭，像是完美无瑕的和音，倾诉不尽
的缠绵。

做法

1. 梅干菜泡软，洗净。
2. 腐乳加水调成汁。
3. 冰糖捣碎。
4. 取一大盘，倒少许油和冰糖碎抹匀。
5. 把鸭子洗干净，放入冷水锅中，放入葱、姜、
   盐、料酒、生抽、八角、桂皮，大火煮至
   八成熟。
6. 捞出沥干水分，趁热抹上生抽。
7. 鸭皮朝下放到抹有冰糖的盘子中。
8. 锅放油，下葱、姜末炒香，将洗净的梅干
   菜倒入锅中翻炒，调入生抽、腐乳汁翻炒
   均匀，关火。
9. 炒过的梅干菜码在鸭子上。
10. 入蒸锅蒸约 20 分钟至肉软烂，关火后取
    出盘子，再将盘子倒扣在另一只盘中即可。

厨房小语：梅干菜要清洗干净，切得越细越好。

11

银耳，为美人而生
——桃胶银耳羹

银耳，为美人而生。

世间有很多植物是为女人而生长的，自古以来便与女人有着密切的关系，它们呵护着女人的身体，让女人美得风姿绰约。

民间素有"银耳是穷人家的燕窝"的说法。银耳的价格虽不能与燕窝相比，但滋养功效并不差。

那时，母亲常会煮银耳汤来喝，特别是夏天，煮一些银耳冰糖水，放凉了，给我们当饮料喝。

银耳汤里面可加的东西太多了，如枸杞、红枣、桂圆肉、百合、薏米、红豆等等，你想到的和没想到的都可以，可以说是百搭。

有人说：燕窝太华丽，雪蛤太补，还是银耳最厚道。

银耳为凉补，滋润而不腻滞，但是吃多了会让身体湿气加重，不用每天刻意去吃，搭配些去湿的食材，如薏米、红豆、冬瓜等，经常性地不间断就可以了。

桃胶银耳羹，加了几粒桃胶。桃胶是一种我国自古就有的滋补食物，外观漂亮，本身无味，炖好的桃胶口感似果冻般爽滑，回味有一种淡淡清香。

《本草纲目》记载："桃茂盛时，以刀割树皮，久则胶溢出，采收，以桑灰汤浸过曝干用。"《千金方》中记载："桃胶如弹丸大，

菜谱
材料：干银耳 8 克，桃胶 8 克，莲子 20 克。
调料：冰糖适量。

含之咽津。"如今用桃胶治病并不多见，它可以做出各种美食，半透明的琥珀色，口感清淡中透出甘甜，是美容养颜的小食。

桃胶在南方城市中很容易买到，而在北方，一般在大中城市才可见到，还得是大型干货批发市场。好在网上有很多商家在卖，很方便买到。

桃胶是否像被凝固住的时间呢？一点一滴，都在刹那间定格了。小女子们不妨喝一杯桃胶银耳羹，也好让自己的容颜在这一刻凝固，不再与时间一同老去。

4

5

6

做法

1. 桃胶浸泡 12 小时。

2. 银耳、莲子泡开。

3. 银耳洗净，去根。

4. 将银耳、桃胶放入炖盅里。

5. 再放入莲子、冰糖。

6. 加适量清水。

7. 放入蒸锅中，蒸 40 分钟即可。

7

厨房小语：冰糖可用蜂蜜代替，若用蜂蜜，可在蒸好后再调入。

12

此味可待成追忆

——水晶鱼冻

古人食鱼，最喜鱼脍、鱼羹。孔子早说过："食不厌精，脍不厌细。""脍"即指细切的生鱼肉片或丝。《诗经》有"饮御诸友，鳖脍鲤"之句，说的便是鲤鱼。唐代段成式《酉阳杂俎》记载了当时制鱼脍的高手，称他切下的鱼片如薄纱，能随风起舞。

鱼脍作为中国饮食文化的组成部分，历经各个朝代的洗礼，在唐宋达到极盛，元明以后渐见衰微，到清末成为明日黄花。

如今，百姓餐桌上以鱼为原料做出的菜肴，很是丰富多彩。鱼冻，以其独特的风味大受欢迎，美其名曰：水晶芙蓉膏。

记得小时候，母亲做鱼冻，大多是用一些小杂鱼，很便宜，一元钱买一大堆。没有现在这些像样的鱼，当然也远没有如今刻意做的鱼冻那么华丽。

母亲将鱼清洗干净，加水大火煮。灶堂里的柴火烧得很旺，当鱼香从锅盖的缝隙飘出来的时候，用余火就可以了，慢慢煮着，直到煮出一锅浓稠的白汤。隔夜以后，就成鱼冻了。等待的过程漫长而焦燥。

鱼冻，胶状半透明，鲜润软温，若是不喜鱼腥味，可在调制的味汁里放点辣椒。一小块如膏似脂的鱼冻进嘴，有一种清凉，有一种滑腻，配着姜、蒜、葱、醋、辣椒的滋味，既清爽可口，又鲜甜醇美。

菜谱

材料：鲜鱼1条，鱼胶粉10克。

调料：葱，姜，生抽2勺，醋1勺，蚝油1克，盐1克，糖5克，红油1勺。

父亲也爱吃，一碟鱼冻，几杯老酒，在这美味中，享受着生活的愉悦。

现在，有了冰箱，有了像样的大块鱼肉，随时可做漂亮的鱼冻，却没有了我童年吃的小杂鱼熬制的自然冷冻的鱼冻的那种滋味了。

母亲手中的那一道道家常菜，是在平凡的日子中积淀下来的，有一种属于家的味道。它们一般没有什么明确的名字。如今遥想当年，越是家常菜越让人留恋。

此味可待成追忆，只是当时已惘然。

做法

1. 鱼宰洗干净，将两侧鱼肉片下。

2. 鱼肉切 2 厘米的小块。

3. 将鱼骨剁块，放入锅中，加没过鱼骨的清水，放入葱、姜片，大火烧开 10 分钟，转小火熬至原汤汁的 1/3。

4. 用比较密的漏勺，将鱼汤过滤出来，所有杂质全部丢弃不要。

5. 鱼胶粉加清水浸泡 5 分钟。

6. 将泡好的鱼胶粉倒入过滤好的鱼汤中。

7. 再将鱼块倒入锅中，大火将鱼块煮熟即可关火。

8. 将煮好的鱼倒入保鲜盒中。

9. 加盖后，除了冬天，其他时间直接进冰箱就是了。

10. 取一小碗，加入生抽、醋、蚝油、盐、糖、红油，依据自己的口味调成料汁。

8

9

10

厨房小语：

1. 没有鱼胶粉，不放也可以，只是口感就没那么 Q 了。

2. 一定要用比较密的漏勺，将鱼汤过滤干净，既好看，口感也好。

3. 1 勺约等于 15 克，依据自己的口味调成料汁。

13

草木灰里拨拉出来的甜点

——甜心小红薯

冬季，街角处，总会看到烤地瓜的摊位，从泥炉中取出一块一块烤熟的地瓜，金黄滚烫地散发着迷人的香气，老远就可闻到一缕浓郁的香甜味。

每每走在街上，看到烤地瓜的摊，一股熟悉的似有似无的感觉渐渐聚拢起来，便勾起了我儿时的记忆。有几次买了来吃，却没有记忆中的那种味道。这样的烤地瓜，闻起来很香，吃起来却远没有儿时从柴火灶里烤出来的香甜。

记得小时候，天色向晚，暮风渐起，母亲开始做晚饭了。家里用的都是柴火灶，做饭的时候，偶尔会把几个地瓜藏在灶堂里面。饭做好了，灶膛里火刚灭，只剩下一大堆还闪着红星的草木灰，一层一层，把地瓜掩埋其间。

谈笑间，灶里面的草木灰散去了蓬烟，归于冷寂。拨拉开草木灰，拿出地瓜，皮皱而不焦，轻轻一撕，就像纸似的剥开，那黄橙橙的地瓜肉闪着诱人的光泽，一股灰头土脸的软香破空而来，有飘飘然蜿蜒之势。

急不可待地咬上一口，地瓜瓤软软糯糯的，绵软香甜，夹裹着丝丝的地瓜纤维，还混杂着草木烟火气息。

冬季又是热乎乎的烤红薯的时节，焦香可口的烤红薯是很多人的最爱，特别是那层焦皮，似蜜一样甜，很多人都会连皮一起吃进

菜谱
材料：红薯430克，黄油30克，牛奶3汤勺，
蛋黄2个，低筋粉30克，小苏打3克。

肚里。其实这样是不科学的，烤红薯最好不要连皮吃，因为红薯皮含有较多的生物碱，食用过多会导致胃肠不适。

如今很难再见到柴火灶了，甜心小红薯，是自己用烤箱做的，在去掉皮的情况下，既让你吃到甜甜的瓤，又可以吃到烤出来的焦香的皮，每一口，都是一种惊艳。

做法

1. 红薯去皮，切片，放入锅中蒸熟。

2. 趁热用勺压成泥。

3. 放入黄油、蛋黄、糖，牛奶可视情况放
   入，如果红薯含的水分大，就不用放了。

4. 最后放入淀粉拌匀。

5. 放入烤盘，刷上蛋黄液，在烤制过程中，
   再刷一次蛋液，让红薯的颜色更好看；
   烤箱预热，180度中层20分钟左右。

4

5

厨房小语：

1. 放入蛋黄时，可留一小部分，做表面涂液用。

2. 牛奶可视情况放入，如果红薯含的水分大，
就不用放了。

14

吃不求饱的小食

——红茶乌梅芸豆

小食，古意悠远。

古代多指早点，后泛指点心、零食等。小食，是与正餐相对而言的食品，正餐前后的小食，取"小食点空心"之义。

清顾张思《土风录》："小食曰点心。"《红楼梦》第六十二回："姑娘们顽一会子，还该点补些小食儿。"无非是正餐之外的享用。

细点小馔，气象万千，无不做得精细，多是"少吃多滋味"，以为一顿饱餐加上漂亮而圆满的句点。

知堂老人曾写过一篇脍炙人口的短文《北京的茶食》，文中写道："我们于日用必需的东西以外，必须还有一点无用的游戏与享乐，生活才觉得有意思。我们看夕阳，看秋河，看花，听雨，闻香，喝不求解渴的酒，吃不求饱的点心，都是生活上必要的，虽然是无用的装点，而且是愈精炼愈好。"

小食，虽然是宴席间的点缀、宵夜的休闲，吃不求饱，但正如知堂老人所言，生活有了它才觉得有意思。

如今所说的小吃与点心，也就是零食，在古代通称为"小食"。

没有零食的孩子，是伤不起的，这个都懂哈。

在没有零食的年代，母亲会想方设法地做一些小食，像红茶乌梅芸豆，给我和弟妹们解馋。对于我们来说，能吃上红茶乌梅芸豆，这已是一种奢侈。

菜谱

材料：白芸豆200克，乌梅10个，红茶3克。

调料：蜂蜜、冰糖适量。

　　红茶乌梅芸豆，用红茶、乌梅配入冰糖，加入蜂蜜，经过简单组合搭配，多味调合，口感仿佛热闹起来了，浓郁的红茶味，绵密凉心，可佐酒浅酌，更多的时候是作为零食来吃。

　　母亲可以用白芸豆做成多样小食，可煮成红枣芸豆、话梅芸豆，白芸豆富含沙性，也可作豆沙馅。

　　红茶乌梅芸豆，冷藏以后依然保持着很糯的口感，吃在嘴里香甜爽口，质地柔软，糯糯的、粉粉的，而且相当绵密。加上从冰箱里面汲取到的一丝爽心的清凉，带着细微的难言，又有着清澈的喜悦。

　　虽然不是那么的冰，但这点凉意已足够。而红茶的微涩被传阅于唇齿间，在舌尖上有冰糖与蜂蜜甜味的小缠绵，回味之后，似分外纠缠的小情人。

做法

1. 白芸豆用水浸泡 24 小时。

2. 红茶放入茶包中。

3. 将泡好的芸豆倒入锅中。

4. 放入红茶包。

5. 放入乌梅，大火煮开，转小火煮至芸豆绵软，
   放入冰糖煮化出锅，放凉后，放入冰箱冷
   藏 1 小时后取出，拌入蜂蜜即可享用了。

厨房小语：茶叶最好放入茶包，茶包超市有
卖的，很便宜，也很方便。

15

极热闹场中，便是饥寒之本

——冻豆腐炖鸭

小的时候，每到冬天，母亲都会做一些冻豆腐，用来炖白菜、炖鱼、炖排骨、炖鸭子，那滋味，有莫名其妙的好，还未容你多想，香味就扑面而来。

那时，家里没有冰箱，不像现在，放到冰箱里就万事大吉了，随取随吃，得等到数九寒天，气温低到零度以下，才能吃到母亲做的冻豆腐菜。

母亲做冻豆腐时，把豆腐切成大小均匀的小块，先浇上一遍开水，然后拿出去放到屋檐下面，顷刻上冻，水越热，冻得越结实。

当时，我感到很是奇怪，问母亲，为什么要浇上热水？

母亲给了我一本书，就是晚清夏曾传的《随园食单补证》，里面写道："豆腐一冻，便另有一种风味。如秀才一中，便另有一种面目也。又如世家子弟，刚落魄时，自有一种贫贱骄之之态。凡作冻腐，须滚水浇过，挂檐际，顷刻即冻，水愈热，冻愈坚。可知极热闹场中，便是饥寒之本也。"

夏曾传从一块小小的冻豆腐里，把人生的波折起伏、无法料想演绎到了极致。

翻看曹雪芹的《红楼梦》，第六十三回《寿怡红群芳开夜宴》，麝月抽的那支花签，签上画了一枝荼蘼花，题着"韶华胜极"四字。

菜谱
材料：鸭子半只，冻豆腐300克，青椒2个。
调料：葱1段，姜3片，盐3克，生抽10克，甜面酱15克，料酒10克，八角1个，花椒2克，香叶2片，草果1个，豆蔻1个，干辣椒4个。

韶华胜极，正是那"可知极热闹场中，便是饥寒之本也"。那烈火烹油、鲜花着锦的日子，繁华似梦，尽美方谢，大观园的女儿们千红一哭，万艳同悲。

面对繁华似锦的世间，再织锦的日子，风吹浮世，到最后，也还是以平淡为好。

母亲做的冻豆腐，是冬日里不可缺少的一道美食。冻豆腐由新鲜豆腐冷冻而成，孔隙多多，历尽沧桑貌。

可是它经过冷冻，与前世相比，味道也变得鲜美起来。不仅美味，而且有吸收胃肠道及全身组织脂肪的作用，从而使体内堆积的脂肪不断消减，达到减肥的目的。

天凉了，又想起了母亲以前常做的那道冻豆腐炖鸭。冻豆腐和鸭子一起炖，再配上辣椒，因为蜂窝组织吸收了汤汁，吃上去很有层次。

母亲做的冻豆腐炖鸭的味道，一直纠缠在心里的某个角落，有了这个味道，我不再害怕得失忆症，可以像看电影一样，回放自己的一生。

做法

1. 鸭子洗净，斩块。

2. 凉水下锅，放入几粒花椒，焯水。

3. 锅中放少许油，倒入焯过的鸭块。

4. 炒至鸭子出油后，放入葱、姜、辣椒、料酒，炒出香味。

5. 放入盐、生抽、甜面酱调味，调料放入调料盒中，放入锅中，再加入清水。

6. 鸭子炖至八成熟时，放入冻豆腐。

7. 炖熟后出锅时放入青椒，翻炒均匀即可。

厨房小语：鸭子焯水时，放入几粒花椒可去除腥味。

一抹胭脂的薄媚

——苋菜炒饭

俗语说：六月苋，当鸡蛋，七月苋，金不换。

记得小时候，看着母亲把苋菜挟到我的碗里，那胭脂般的苋菜汁，让白米饭刹那间染成粉红，如同泼了一盏胭脂，迫人眼目，只觉得无限的喜悦，无限的美，柔艳到太妖娆，太曼妙。侵略了我。

如此惊艳，于我小小人儿的一生里就好比屏开牡丹。

看着碗里的苋菜炒饭，艳如桃色，有一种风尘的美，诱人，想起《诗经》里的那句诗：桃花灼灼，桃之夭夭。

还有，看着母亲蒸出的白白的馒头，都会用苋菜汁点一个胭脂红点，从此我便有了一颗艳俗的心，欢喜这人世间的烟火气，这种世俗的热闹至今犹觉如新。

后来，看张爱玲的散文《谈吃与画饼充饥》，她写道："有一天看到店铺外陈列的大把紫红色的苋菜，不禁怦然心动。但是炒苋菜没蒜，不值得一炒。"

张爱玲还写过："在上海我跟我母亲住的一个时期，每天到对街我舅舅家去吃饭，带一碗菜去。苋菜上市的季节，我总是捧着一碗乌油油紫红夹墨绿丝的苋菜，里面一颗颗肥白的蒜瓣染成浅粉红。"

苋菜，让张爱玲写得如此有意象，热闹的底子上缀满生命的冷清，也看到了张爱玲的才情，与蚀骨的薄凉。

苋菜就是这样的菜，炒食，素味清而淡远甜悠；凉拌，则有一股使人肺腑之内有清气浸润的意外韵味，仿佛可以填入《忆江南》

菜谱
材料：苋菜 300 克，米饭 300 克。
调料：蒜末 30 克，盐 2 克，蚝油 5 克。

的清丽小令里。

看过郑板桥有一对联：白菜青盐苋子饭，瓦壶天水菊花茶。真像此时的心情。

母亲做的苋菜炒饭，加上蒜末、盐，再淋上几滴熟香油，无需太多的渲染，便可使一碗白米饭发出最美的叹息。

平凡的茶饭，敷色心思，品味之下，一点点，散着人世的温暖意。是简贞，是处之泰然，遇合之人、离散之事，也是一颗最静然之心。

回头再看看母亲的苋菜炒饭，有这样一抹胭脂的薄媚，生活是上了色、着了釉的，有着一种烟火味的清苦与闲趣，看上去格外的岁月静好，日日安稳。

每年一季的苋菜，不会在市场上停留太久，喜欢这抹妖娆、曼妙的亲们，千万不要错过。

做法

1. 苋菜洗净，切小段。

2. 锅中入少许油，放入蒜末炒香。

3. 倒入苋菜翻炒。

4. 调入盐、蚝油炒匀。

5. 倒入米饭。

6. 翻炒均匀即可。

厨房小语：不想吃素的，可加些鸡蛋、火腿，只是蒜末不可省略。

17

那些粘在锅巴上的回忆

——番茄锅巴虾仁

如今的孩子，零食丰盛得真是奢侈，要什么有什么。常常对着琳琅满目的零食无从选择时，就会想起自己的童年，想起那时母亲给自己做的零食：锅巴。

童年时，随父母在江浙一带生活。那时，没有什么零食吃，母亲就用吃剩下的大米饭做锅巴。母亲做锅巴可以说是我童年生活中最值得留恋的一件事。时至今日，依然可以记起锅巴的焦香味。

那个时候，每次母亲做锅巴时，我就会咽着口水，扒着锅沿眼巴巴地看着。母亲把大米饭盛出来，放到案板上，撒上一点点水，用饭铲轻轻地按成薄薄的片，再用刀切成小块；锅里淋少许的油，将米饭压成的薄片放入锅中，小火细煎。白白的米饭慢慢地变得金黄酥脆，粘着淡薄的油光。

那个时候，虽然那么爱吃锅巴，可每次都舍不得很快地把它们吃掉，而是一小片一小片地，让焦黄暖香的锅巴细细地滑过舌尖，在唇齿间留下回味。

每次闻着锅巴散发的清香，望着渐渐减少的锅巴，心中都会升起一种幸福感，觉得自己是世界上最幸福的孩子。

如今，锅巴不再是什么稀罕物了，可细细回味，那些粘在锅巴上的回忆，最纯真，最亲切。随着那些记忆的回落，微微怪时间不

菜谱

材料：虾仁 100 克，鸡蛋 1 个，熟米饭 200 克，蒜薹 2 根。

调料：番茄酱 30 克，淀粉 3 克，糖 10 克，盐 2 克。

能保存情绪，带有莫名其妙的惆怅的痕迹，更像黑白的旧电影，什么时候想起都有刹那间难忘的时刻。

这么多年来，我虽得到了母亲的真传，可总也做不出母亲的那种味道。感觉远远没有母亲做的好吃，好像少了些什么。

那种余香绕舌，个中滋味只有我自己才能体会。

做法

1. 熟米饭放到保鲜膜上,再盖上一张保鲜膜,把米饭压成扁片,然后切成4厘米见方的片。

2. 锅中放油,待油温温升到六成,将压好的米饭片放入锅中,煎炸至两面金黄,捞出沥油,制成锅巴。

3. 蒜薹切末;虾仁清洗干净,加入少许的盐、鸡蛋清、淀粉搅拌均匀。

4. 锅中放少许油,至六成热,放入虾仁滑炒,出锅备用。

5. 将锅中再次放入底油,放入蒜薹、番茄酱煸香。

6. 加入适量清水,放入炒过的虾仁。

7. 调入白砂糖、盐,略煮2分钟,用水淀粉勾芡出锅。

8. 浇到炸好的锅巴上即可。

厨房小语:米饭只要略略压实保证煎炸的时候不散就好。

18

被暗香淹没的软糯

——玫瑰糯米藕

记忆中纷繁的往事，分花拂柳之后，所剩的居然是这一碗家常的糯米味？

人生也许就是这样寡淡，活在这个人世间，你可以躲风、躲雨、躲你的情债，却躲不过一个"吃"字。

无论如何的山高水远，到最后，都落实在一粥一饭间。

我对母亲做的糯米藕，曾经欢心惊叹。

不知是贪恋玫瑰花的香气，还是痴迷软糯甜腻的暧昧味道，有说不出的欢喜。

糯米藕是江南传统菜式中一道独具特色的中式甜品，最常见的，是配以桂花。

也许是南方多桂花的缘故吧。一到花开的时节，米粒般的小花挂满枝头，空气中蒸腾着桂花的香味，风动桂花香，或浓或淡。

倒觉得南方的绵软和多河塘无限好。多河塘，便也多荷藕。荷藕色白如雪，嫩脆甜爽，生吃堪与鸭梨媲美，冷比霜雪甘比蜜，一片入口沉疴痊，故民间有"新采嫩藕胜太医"之说。

儿时，母亲给我做的每一件惹人爱怜的衣服上，总会绣着并蒂的莲花、连心的藕。那绿的茎、青翠的荷叶，仿佛是与春天比着谁更嫩，似乎还有一只飞舞的蜻蜓，像欧阳修诗里的"黄鸟飞来立，摇荡花间雨"，生怕惊动人世。

菜谱

材料：玫瑰花20克，鲜藕1段，红糖50克，糯米150克，红枣8粒。

调料：蜂蜜、冰糖、淀粉适量。

以前母亲做糯米藕，大多是过年过节招待客人用的，当作一道甜品。可以搭配多种花，如玫瑰花、山茶花、桂花等。在藕里塞满糯米，煮软后切成圆圆的薄片，配以玫瑰花汁，撒上白糖，莹润娇嫩，缕缕丝丝相连，入口更是又香又甜的软糯。

糯米藕的"糯"，吴侬软语读来最妙，深深落下去，再婉转一提，恰恰能念出糯的柔柔缠绵，说不清是婀娜，说不清是清润，细细地牵扯出一种极美的意境。

糯的东西，大都是精细的、清甜的，因为糯，可以柔软。

凡糯的精巧细点，更适合呈于落红如蝶飞时，曲江杏园之宴上，若再伴一折评弹《白蛇传》，圆润柔美、幽咽婉转，曲之美，食之香，你沉醉了，淹没了，人生，乐事良辰。

如是在午后，如是一个人，独自安歇，真的忍不住会想一口糯的东西，想母亲的糯米藕。那已是堆叠在浅浅人生里的半世回味，一片静谧之后，细心揣摩，觉得母亲做的糯米藕，那糯中的甜，悄然绵延而至，可亲，可怀。

做法

1. 糯米淘洗干净，入清水中浸 2 小时，捞出后沥干水。
2. 鲜藕洗净，切下一端藕节。将泡好的糯米从藕节的一端灌入藕孔中，灌满为止，并用筷子捣实。
3. 藕眼里都放入糯米后，把藕蒂盖子盖上，并用牙签固定封口。
4. 把酿好的糯米藕放入锅中，注入清水没过莲藕，放入红糖和红枣，大火煮开后转小火再煮至熟透。
5. 锅内放入煮藕的汤汁，加玫瑰花煮 5 分钟后捞出。
6. 再放入冰糖煮化后勾芡，浇在藕片上即成。

厨房小语：玫瑰花也可换成桂花、山茶花等。

19

古早味，新炊间黄粱

——小米南瓜蒸饭

自古以来，国家尊为"江山社稷"，社是什么？稷又是什么？

社稷是"太社"和"太稷"的合称，社是土地神，稷是五谷神，以稷为百谷之长，因此帝王奉祀为谷神，"社稷"的意思，就是我们祖先用最好的粮食来供奉祖先，古时祭祀是国家的大事，所以渐渐成为国家的代名词。

稷，在《诗经》中出现次数最多，如："或耘或耔，黍稷薿薿""黍稷重穋，禾麻菽麦""黍稷非馨，明德惟馨"等。

这个"稷"，其实就是小米，是谷子去皮后的颗粒，又名粟。《白虎通·社稷》里说，稷是五谷之长，要竖稷来祭奠。以社稷指国家，足见小米在古时的地位之尊。

沧海一粟，言极了其小与平凡。苏轼在《前赤壁赋》中写道："寄蜉蝣于天地，渺沧海之一粟。"一个人在山河岁月中，不过是沧海一粟，所有的生命，在天地间，不过是沧海一粟。

谁都知道，盛开是植物的本质，可谷子开花，从来不在白天，而是在后半夜，准确地说是在凌晨 2 点到 4 点之间。

黎明将至，谷花就开败了。

所有的花，全为时间，为春天，妖妖地开在了春日里。而谷花，没有人注意，像没有上过书本的一种文字，随意写在夏天的草稿纸上，就这样随意地花开花落了，成一片不被注意却又不得不让人注意的风景。

菜谱

材料：小南瓜 1 个，小米 50 克，红枣 8 个。

调料：蜂蜜适量。

在我的记忆里，小米蒸饭，从食材到做法，可以称得上是有古早味儿的吃食。"古早味"是什么味？是从前的味道，是怀旧的符号。

北方娃大约都记得小米蒸饭吧？儿时，我极不爱这小米蒸饭，总觉得口感粗糙，难以下咽。可是在食物匮乏的时代，母亲也只能小米粥、小米饭一连数天地顿顿吃。

小米南瓜饭，是母亲做的小米蒸饭里，唯一让我大爱的。糯软的米粒在嘴里散发着谷香，又夹杂着南瓜清甜的味道，很清澈，别有一种清爽的口感，仿佛怀着江南的柔嫩之漾，和一缕山野青草的风露之气。

母亲做的小米南瓜蒸饭，有迷人的古早味，有着让人沉溺的一种简单、纯净、质朴的气质。这些饭菜，也许卖相不花俏，但我们都会说："嗯，这是小时候的味道。"勾起浓浓的怀旧与思念，只因为自有一分淳朴在其中。

也许杜甫的诗句："夜雨剪春韭，新炊间黄粱。"其美意就在于这一粥一饭之间。

3

4

5

6

7

做法

1. 小米、红枣洗净，浸泡 20 分钟。

2. 小米放入锅中，加适量清水，煮开即可关火。

3. 南瓜洗净，切开，去籽。

4. 南瓜底部放入 4 个红枣。

5. 将煮过的小米捞入南瓜中。

6. 上面再放上 4 个红枣。

7. 将南瓜放入蒸锅中，大火蒸 30 分钟，出
   锅后淋蜂蜜即可食用。

厨房小语：小米放入锅中，煮开即可。

缀满花边的往事

——梅菜拌饭酱

梅干菜，带着一个"梅"字，读来就那样别致。

看到梅干菜，你会想到什么？会不会想到江南的梅雨？梅雨，是江南的，只是江南的。那是说不清、道不明的一种缠绵。

只有在这样的环境中，才能生出梅干菜这样滋味美妙的东西。

在江南生活了近二十年，每当春回大地，春阳潋滟得像有声音之时，便是腌制梅干菜的大好时节。

巷子深处，朱色的门，那旧旧的红，剥蚀脱落了，可是，喜欢那些况味，说不清的喜欢。从门前走过，你还会看到院中扎成一簇一簇的梅干菜，悬于竹竿或绳子之上晾晒；还有切得细细梅干菜，放进圆圆的竹匾里，一个，又一个地罗列着。

直到这些梅干菜被晒得色泽红亮，香气扑鼻，浸透了舒缓而静谧的春日里的风露之气，有了一种勘破世事的不染尘的平静，才装入饰有人物山水的菜坛中密封。

母亲做的梅菜拌饭酱，用来拌饭吃，是童年生活中一道独特的美食。

那个年代，吃肉是件奢侈的事，就用猪油与梅干菜一起炒，就成了另一种猪油拌饭了，比单纯的猪油拌饭口感上层次更丰富，油而不腻，鲜香糯甜。

菜谱
主料：五花肉 100 克，梅菜 100 克，杏鲍菇 60 克，蒜薹 30 克
调料：生抽 15 克，甜面酱 30 克。

母亲做的梅菜拌饭酱，可以说是猪油梅菜拌饭酱的升级版，融合了梅干菜的清香、杏鲍菇的菌菇香和猪肉的鲜美。

梅干菜这东西味道很厚重，特别能吸收肉香和油脂，其沉郁的芬芳与酱恰到好处地融合，再配以柔嫩的杏鲍菇，加上独特的天然调味料，香味相互渗透，嚼在嘴里，鲜香脆嫩，微甜，欣欣然，仿佛是意外之喜。

如今，猪油也退出了我们的餐桌，母亲不再用猪油做梅菜拌饭酱了，可我总也忘不了那个纯真质朴的年代。

做法

1. 将猪肉、杏鲍菇、蒜薹切成小粒。

2. 将梅菜洗净，用清水浸5分钟，减去咸味，沥干水剁碎。

3. 锅中放油，下猪肉粒炒至变白。

4. 放入蒜薹粒炒香。

5. 放入梅干菜炒匀。

6. 调入生抽、甜面酱，翻炒均匀即可出锅。

厨房小语：生抽、甜面酱有咸味，不可再调入盐。

图书在版编目（CIP）数据

温暖的晨粥夜饭：妈妈的味道 / 梅依旧著. —济南：
山东画报出版社，2014.8
ISBN 978-7-5474-1226-8

Ⅰ.①温… Ⅱ.①梅… Ⅲ.①菜谱 Ⅳ.①TS972.12

中国版本图书馆CIP数据核字（2014）第033021号

责任编辑 怀志霄
装帧设计 宋晓明
主管部门 山东出版传媒股份有限公司
出版发行 山东画报出版社
  社 址 济南市经九路胜利大街39号 邮编 250001
  电 话 总编室（0531）82098470
       市场部（0531）82098479 82098476（传真）
  网 址 http://www.hbcbs.com.cn
  电子信箱 hbcb@sdpress.com.cn
印 刷 山东临沂新华印刷物流集团
规 格 160毫米×230毫米
     16.5印张 149幅图 240千字
版 次 2014年8月第1版
印 次 2014年8月第1次印刷
定 价 39.00元

如有印装质量问题，请与出版社资料室联系调换。
建议图书分类：美食